U0123756

原来化学这么有趣

Genier, sjarlataner
og 50 bøtter med urin

Eivind Torgersen

[挪] 埃文德·托格森　著

徐水芳　译

台海出版社

北京市版权局著作权合同登记号：图字 01-2024-1114

图书在版编目（CIP）数据

原来化学这么有趣 / （挪）埃文德·托格森著；徐
水芳译 . -- 北京：台海出版社，2024.3
　　ISBN 978-7-5168-3789-4

　　Ⅰ . ①原… Ⅱ . ①埃… ②徐… Ⅲ . ①化学元素 - 普
及读物 Ⅳ . ① O611-49

中国国家版本馆 CIP 数据核字 (2024) 第 027500 号

原来化学这么有趣

著　　者：[挪]埃文德·托格森　　　　译　　者：徐水芳
出 版 人：蔡　旭　　　　　　　　　　责任编辑：王慧敏

出版发行：台海出版社
地　　址：北京市东城区景山东街20号　　邮政编码：100009
电　　话：010-64041652（发行，邮购）
传　　真：010-84045799（总编室）
网　　址：www.taimeng.org.cn/thcbs/default.htm
E-mail：thcbs@126.com

经　　销：全国各地新华书店
印　　刷：天津明都商贸有限公司
本书如有破损、缺页、装订错误，请与本社联系调换

开　　本：880毫米×1230毫米　　　　1/32
字　　数：180千字　　　　　　　　　印　　张：8
版　　次：2024年3月第1版　　　　　印　　次：2024年3月第1次印刷
书　　号：ISBN 978-7-5168-3789-4

定　　价：59.80元

自 序

爱的宣言

如果让我选择一个可以概括现代科学的东西，那它必定是元素周期表。无论是苹果树下的牛顿、爱因斯坦的质能方程式，还是达尔文的第一幅"生命之树"图，都没有像那张由118种元素组成的网一样包罗万象。你周围的一切——你读的书，你坐的椅子，你透过窗户看到的远山以及隐于山之后的大海，你呼吸的空气以及你用来呼吸的肺——都是由这些基本元素组成的。

那些罗列在元素周期表中的氢、氦、锂直到氭，它们不仅仅是化学符号H、He、Li、Og，也不仅仅是从1到118的升序数字，其所在的位置说明了元素之间的关系以及异同性。它们的位置不仅暗示了这些元素各自的表现特征，还暗示了它们与其他元素接触时的反应。对于专业人士来说，元素周期表还表明了两种元素在一定条件下结合所会发生的反应。

元素周期表不仅是自然科学的重要工具，它还被跨界应用于流行文化上。就像平行宇宙般，周期表还被用在比化学元素更为日常的事物中。人们（玩笑而不失敬意地）为啤酒品牌、葡萄酒和汽车，以及流行歌手、艺术家和足球运动员都建立了"周期系统"。挪威作家阿澜·卢（Erlend Loe）在其长篇小说《我的人生空虚，我想干票大的》中，展示了一张女性元素周期表。表的最右边，是那些拒人于千里之外的高冷美人，她们就相当于那些难以发生化学反应的惰性气体；表的最左边，则是那些亲切可爱的女孩，她们就相当于易于与其他元素结合的锂、钠和钾。

元素周期表也充满了有关发现或试图发现元素的科学家的故事，尽管他们受制于严格的科学规则，但他们同样是人。像其他人一样，他们拥有梦想、抱负和情感，也同样既有优点又有缺点。他们可能骄傲、雄心勃勃，也可能像普通人一样会有嫉妒之情。他们可能是专业的、富有创造力甚至是天才式的，也可能是草率的和不幸的。他们是科学历史中不可或缺的一部分。他们渴望了解周围的世界，寻找万物之间的联系，并尝试将所有知识系统化。每一种元素都有自己的历史，每一个名字本身就是一个故事——一些是有关气味、颜色或行为表现的，另一些则是对神话人物、地点和科学楷模的致敬。

所有元素和元素的发现者，都是元素周期表历史的重要组成部分。从第一次寻找联系的小尝试，到1869年门捷列夫发表第一个周期表时的恍然大悟，再到后来几代人的改进和扩展，这段历史将我们带回数千年前，并一直追随着人类发展直到现代。截至2016年，元素周期表又增加了4名正式的新成员。

我不是化学家，此书也不是一本化学教科书，而是三十多年来的一段羞涩的暗恋，以及同样持久、有些沮丧的忧伤。这是我鼓起勇气，终于邀请元素周期表进行一场约会的尝试。我现在对化学的了解，比我和它第一次约会时更多了，但最让我感动的是它背后的人，他们付出的所有辛勤工作——尽管存在过冲突、争论和矛盾，但他们仍然团结一致，为我们探索和解读这个世界。

埃文德·托格森

2018年6月写于奥斯陆

目录

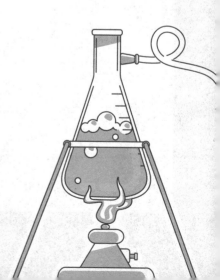

01

布雷维克远郊洛沃亚半岛的钍矿

1828年的一个夏日，神父汉斯·莫顿·斯兰·艾斯马克（Hans Morten Thrane Esmark）乘坐渡轮来到挪威东南部的洛沃亚（Løvøya）半岛，开始了在布雷维克（Brevik）郊外的一次短途之旅。驱使他来这座半岛的原因是猎鸭，但这并不是艾斯马克第一次来这里。对地质学充满热情的他，此前经常来洛沃亚。在这里，他追寻父亲的脚步，继承父亲的梦想。他的父亲延斯·艾斯马克（Jens Esmark）是挪威的矿物学家，但当时拮据的家庭经济状况迫使艾斯马克只能选择更为实用且报酬更为丰厚的职业——神职人员。即便如此，艾斯马克依然为自然科学和化学的魅力着迷，内心对它们充满热情。闲暇时，他总在格陵兰（Greenland）

的大自然中四处游荡，寻找那些令他兴奋着迷的石头和矿物，收集各种鸟类与昆虫的标本。

与往常一样，这个"矿物猎人"对走过的每一寸土地始终保持警惕。当发现了一些比核桃小一点的球形碎片和一些扁平的小碎片时，他的好奇心瞬间被激起，来岛上打猎的事被抛到了九霄云外。在这些煤黑色、易碎、有一定重量、表层覆盖着一些锈红色物质的块状物上，有一些非常奇怪的物质。后来，人们才知道这种被命名为"硅酸钍盐"（即钍矿）的化合物，含有一种在当时尚未为人所知的新型元素——钍元素。很快，洛沃亚半岛、布雷维克以及挪威都将变得广为人知，出现在化学元素历史的相关记载里。

当时的元素周期表中没有多少挪威人的足迹，无论是地理位置还是化学领域，我们（挪威）都处于边缘地位。的确，我们既像以斯堪的纳维亚半岛命名的钪（Scandium），处在元素周期表的边缘；又如由希腊语和拉丁语中对寒冷北部地区的称呼——图勒（Thule）[1]而来的铥（Thulium）。而艾斯马克是少数几个出现在化学元素故事中的挪威人之一。

这就是我在约200年后早春的某一天前往洛沃亚半岛的原因。我想和艾斯马克一起畅游在化学元素的历史中。我既不是化学家，又不是地质学家，但我依然想亲眼看看当年他停留下来的地方，听听海水溅在亘古又未知的矿物上的声音，感受那些令人欣喜的新元素的气息。

---

[1] 古代欧洲传说中的世界极北之地，通常被认为是一座岛屿。

没有确切的迹象表明艾斯马克具体在何处发现了钍矿，但极有可能是在如今靠近水岸的上方，在那些裸露光滑的岩石的碎片之中。测量放射性物质的装置发出"哔哔"的声音，或许这就是某处仍存留着钍沉积物的信号。

新元素发现与命名上的诸多考究与争论

1825年，艾斯马克被派往布雷维克担任牧师。当地报纸《世界》（*Varden*）将他描述为"发现了他的地质学圣地的牧师"。尽管从宗教的角度来看，这个称谓显然有些不太和谐，与他本职牧师的身份格格不入，但布雷维克、格陵兰和泰勒马克（Telemark）可能是他能找到的、最适合实现他真正使命（即作为化学、矿物研究人员的使命）的地方。他在大自然中花了大量的时间和精力，以至于后来当他申请晋升为教区神父时，这成了他的阻碍。

艾斯马克热衷于收集、研究和分析矿石。他时常关注科学期刊上发表的内容，并与当时几位重要的研究人员互通信件——其中一些人去过矿藏丰富的泰勒马克地区。这项工作并非徒劳无功，艾斯马克成了"多种矿物的发现者和命名者"。后来，有一种矿物以他的名字命名（Hansesmarkite）。这是一种黄色矿物，于2010年在拉尔维克（Larvik）附近首次被发现。

然而，艾斯马克并不是新元素的发现者。元素周期表中第90位的放射性元素——钍，在有关它的历史中，首先被提到的人名并不是艾斯马克。科学在这个层面上是极其严格的，从发现一种令人兴奋的矿物到另一个全新的元素被发现，是一个十分漫长的过程。几乎所有的矿物都是由在自然界中发现的近百种元素通过不同的组合方式构成的。地球上存在着无数种元素组合形式，一种元素若要被纳入元素周期表，需要经过一系列严格的流程。相比之下，矿物表就远没那么严格，也不具有强烈的排他性。

只需稍加努力，即使是200年前的业余地质学家的名字也可以进入矿物词典；然而，要被写入元素发现历史，门槛则高得多。作为为元素周期表无私贡献的基础工作人员，艾斯马克找到了自己的门路。他坐在布雷维克的半岛上，思考这些小块的矿物可能会是什么。由于他的设备还没有好到可以让他自己动手研究，且当时的科学知识又没有先进到能让他知道遇到的这些究竟是什么，他寄了一份样本给远在克里斯蒂安尼亚（Christiania，奥斯陆的旧称）的父亲①。但即便是担任教授的父亲，也无法解开儿子在洛沃亚半岛上发现的矿物之谜。

看来，样本只能寄给更专业的科学研究机构。于是，艾斯马克将样本寄给了瑞典斯德哥尔摩的永斯·雅各布·贝采利乌斯（Jöns Jacob Berzelius）教授，后者已经发现了几种化学元素。当时，瑞典在元素发现领域的研究较为先进，具有相当的话语权和

---

① 延斯·艾斯马克在当时已经是一位知名研究人员。他是挪威第一个声称挪威曾经被冰川覆盖的人，也是第一个攀登斯诺赫塔山（Snøhetta）和高斯塔彭山（Gaustatoppen）的人，并指出高斯塔彭山并不是挪威的最高峰。

权威性。贝采利乌斯通过良好的实验设备发现，这是一种从未被描述过的矿物。当贝采利乌斯在瑞典和德国的期刊上发表发现新矿物钍矿的文章时，他没有吝啬对艾斯马克的赞美之词。在文章的第一段，他便表明，一个牧师兼业余地质学者在挪威布雷维克附近的洛沃亚半岛上发现了钍矿，而艾斯马克的父亲——延斯教授则被贝采利乌斯誉为"著名矿物学

贝采利乌斯

家"。但贝采利乌斯也提到挪威人误解了自己的发现，他们认为矿物中所含的是已知的化学元素。

　　但在此后进一步的调研报告中，这两个将贝采利乌斯引向新元素的人——艾斯马克和他的父亲延斯则未再被提及。这或许也解释了为什么只有第一次有关钍矿被发现的消息引起了舍伦（Kjølen）山脉这一边的人们[1]的注意和兴趣。1829年9月23日，《挪威国家时报》（*Det Norske Rigstidende*）的报道中提到，牧师艾斯马克和他的父亲延斯在布雷维克地区发现了钍矿，但并没有提及新元素——钍。

[1]　舍伦山脉是瑞典和挪威的分界线，"舍伦山脉这一边的人们"指挪威人。

有人认为，以艾斯马克的名字分别将新矿物钍矿和新元素钍命名为"Esmarkitt"和"Esmarkium"并无不妥。艾斯马克父子则更愿意将荣誉给予贝采利乌斯教授，并建议将它们以贝采利乌斯教授的名字分别命名为"Berzelitt"和"Berzelium"。但对这位在斯德哥尔摩有着重大影响力的化学家来说，这样的命名有点让他显得过于独断。作为元素的发现者，贝采利乌斯是有话语权的，而且他在命名元素方面受过良好的训练——瑞典人在元素周期表中的表现异常出色。或许是为了奖励这个年轻的挪威人在钍元素发现过程中的贡献，贝采利乌斯选择了以瑞典与挪威的共通文化——北欧神话来命名钍元素。在此之前，贝采利乌斯一直考虑以雷神托尔（Thor）的名字命名自己发现的元素，但都未付诸实践。这次，他便用这个手拿大锤的北欧之神命名刚发现的新元素钍（Thorium）。

如果新一代核电站的建设可以用钍代替铀，那么雷神的名字会更加响亮。许多人相信或者希望，钍可以以另一种"危险性更小"的形式应用于建设新型核电站。格陵兰地区存在大量的钍矿，在钍矿开采热潮到来之前，它已等待了许久。但近年来，人们对利用钍作为能源形式的兴趣逐渐减退，这影响了泰勒马克地区南部的"钍矿热"。

直到今天，有关谁第一个发现了新元素的争论时常在科学研究者之间流转变化。野心、抱负、自豪感、民族主义和对认可的渴望，在科学史上并不是鲜为人知的现象，关于化学元素和元素周期表的故事也不例外，毕竟研究的参与者和人们讨论的对象都是人。

显然，贝采利乌斯是钍元素的发现者。在对该元素稍详细的记载中提到，它是在挪威的矿物硅酸钍盐（即钍矿）中发现的。在更详细的钍元素发现故事版本中，我们会发现有关艾斯马克以及他在岛上漫步的记载。我认为无论是艾斯马克还是他的父亲延斯，当他们的名字出现在钍矿和钍元素的记载中时，他们不会有窃取别人成果的感受，也不会认为贝采利乌斯窃取了他们的成果。毕竟，驱动学者们参与元素研究的，不仅仅只有自豪感和野心，无论他们处于科学等级链的哪个位置，他们都热切地渴望了解周围的世界。正是这种对事物的探究欲与好奇心，使他们在森林、田野和广阔的山脉间长途跋涉，在这个广袤的世界中走得更远，并在实验室中废寝忘食地做实验。艾斯马克对地质的爱好及其1828年夏天的洛沃亚半岛之行，在自然科学发展的历史长河中虽然微小，但贡献不可忽视。

　　我用手指轻抚着这些岩石的断层面，这些很可能曾是艾斯马克拥有伟大发现的地方。我闭上眼睛，感受它们与皮肤之间产生的巨大而神秘的联系。我看不见它们，我理解不了它们，但我知道它们就在这里。它们在那里，独立于我，也独立于艾斯马克之外。就算不是艾斯马克在1828年的一个夏天发现了钍矿，也会有另外一个人在未来的某个时间点发现它们的存在。所有事物的联系就是这么奇妙，它们就在那里，而科学最终会找到它们。只要世界疑问犹在，那么这个世界上对自然科学感兴趣的人们便会寻找答案。

门捷列夫：冰山一样的西伯利亚男人

在钍元素被发现40年之后，出现了一个对这种自然界的联系异常关注的人，他就是"元素周期表之父"俄国科学家德米特里·门捷列夫（Dmitri Mendeleev）。据传，1869年，门捷列夫在一个梦里看到已知的60种化学元素都排列在一个完美的系统里。不管是不是梦境，他都对自己绘制的第一个元素周期系统有着强大的信念，以至于他十分笃定地认为，贝采利乌斯对来自洛沃亚半岛的钍元素的某些研究细节是错误的。为了在周期表上找到一个适合钍元素的位置，门捷列夫认为有必要将贝采利乌斯计算的原子量加倍。这个来自西伯利亚、像冰山一样的男人想法是对的。根据他的第一张元素周期表对其他几个相关元素所做的预测，在后来人们的研究中得到了证实。

门捷列夫想打造一个能够整合所有已知元素的系统，并展示各元素之间的联系。想要将各事物联系在一起的驱动力和欲望，并不是门捷列夫或者科学家所特有的，而是我们的大脑一直在做的事情。如果我们失去了这种能力，那就只能毫无目标和毫无意义地折腾。我们将看不到具有威胁性的危险，看不到对生命至关重要的事物，也将无法以有意义的方式彼此联系。因此，我们孜孜不倦地寻找能够解释我们周围世界的模式与体系，它们是如何与过去存在联系的，以便我们更好地安排与计划未来——我们甚至在填字游戏与纸牌游戏之间寻找它们与放松身心的联系。很显然，这是某种藏于我们内心深处的东西，某种我们的大脑喜欢做的事情。

显然，有关自然科学的联系要广阔、复杂得多。这并非如在某个周六早上的报纸填字游戏中找到正确的字母，或是将52张牌在特定的情况下从A到K升序排列成4组那么简单。科学研究一步步引导人们去探索，是哪些微小的物质组成了这些矿物，它们是如何联系在一起的，又是如何与我们已经发现和熟悉的事物相适应的。科学不像只需耗费某个假日夜晚，就能将500个碎片变成一幅希腊渔村美丽画面的拼图游戏，它的目标是将数百万甚至数十亿计的大大小小的知识，拼凑成可想象的庞大图景；它的目标是让整个物理世界变得清晰、富有逻辑，并了解宇宙世界的一切是如何联系的。

在第一版元素周期表诞生150年后的今天，我再次来到洛沃亚半岛，并同样寻找着世界万物的联系。我通过鞋底感知这些尖锐的石头，它们说不定与曾经在这里被发现的矿物和元素有着某些共同之处。当然，我与它们之间的联系与感应，肯定无法与门捷列夫相提并论。艾斯马克虽然让我十分钦佩，但我完全不能以艾斯马克的知识水平来衡量自己，尽管如此，我还是感觉到某种与艾斯马克的联系，当然不是从岩石科学的层面，而是我能感知到对某种事物的好奇心——童年时期蹲在蚁丘边观察或挖掘土坑的我，以及夏日夜晚仰望无垠宇宙的我。

我用鞋尖在洛沃亚的土地上轻轻划动，弯下腰仔细地研究那块斑驳的岩石；我用手抚摸着被切开的岩石表面，想象着1828年的夏天，艾斯马克也在这里做了同样的事。虽然我不能百分百确定这就是他当年所站的地方，但我体会到一种历史感、崇高感与神圣感——我站在历史的土地上，站在科学历史的里程碑上。

钍矿石热：从发现到应用的漫长道路

在乘船返回的路上，我看到了洛沃亚半岛以及周围岛屿沿岸布满细小划痕与凿痕的岩壁，有些地方还留有被爆破后的洞口。从这里往南的海岸线，都以这种方式提醒人们，一种新元素从发现到实际应用的过程是漫长的。1829年，钍短暂地获得了关注后，又陷入了长久的沉寂，许多元素都是如此，经历了发现新元素的欢呼和雀跃之后，科学家们和发现者们至少需要经过数年时间，才能弄清楚如何将它们运用于生活。

直到19世纪90年代，研究者发现钍可以大大提高煤气灯的亮度，于是市场一下子被打开了，人们对煤气灯的需求量猛增，前往钍元素发现地的人与日俱增。在1895年和1896年，"钍矿热"席卷泰勒马克以及南挪威（Sørlandet）地区。一个幸运的采矿工可以在一下午的时间里赚到以往一年的薪水。消息一路传到大西洋西岸，美国布鲁克林地区的报纸《北欧时报》（*Nordisk Tidende*）报道了挪威克拉格勒（Kragerø）地区的"钍矿热"，"那里的裁缝一天之内发现了价值1万克朗的钍矿"，这相当于今天的75万克朗（按2018年本书出版时的汇率，100挪威克朗可兑换人民币78.98元）。该报道称，在克拉格勒和朗厄松（Langesund），外国买家无论想买多少钍矿都可以得到满足。

几年后，"钍矿热"突然结束了。因为在世界其他地方发现了更大的钍矿，这些钍矿比挪威海岸沿线的钍矿更容易提取。而更为重要的是，电灯取代了煤气灯。因此，这场"克朗代克淘金热"就结束了，剩下的只有这些岩壁上手工凿刻和炸药爆破过的痕迹。

尽管无法精确定位艾斯马克发现钍的地点，但钍在元素周期表中有着明确的位置，另外117种元素也都有着各自的发现者，以及相关的贡献者或反对者，无论有没有名声、荣誉和显赫的头衔，他们中的许多人一生都致力于科学研究。

他们中的一些人被称为天才，并走在了时代前沿；而其他人必须感谢幸运女神福尔图娜（Fortuna）的眷顾，让他们在化学元素的历史中占有一席之地；还有一些人，他们的观点是完全错误的，但他们仍然是伟大历史叙事中的一部分。无论对错，大多数人最初的美好愿景都是推动科学进步，为下一代研究人员更好地前行提供条件、打下基础。

门捷列夫就像元素周期表世界里的国王或沙皇，永斯·雅各布·贝采利乌斯教授则是元素发现者贵族俱乐部中的一员，而艾斯马克则是元素周期表世界里的一名步兵。然而，正是这些为数众多的基层科研者，为了蕴藏着世界是如何联系又为何如此运转的科学知识的元素周期表的形成，有意无意间做出了诸多贡献。最早的元素发现者，如果我们可以这样称呼他们的话——我们遥远的祖先，他们围坐在篝火旁，使用他们在远足或深掘地面时发现的金、银和铜块制作珍宝。

02

金子，以及篝火旁闪亮的金属

　　谁不曾为见到地上闪烁的物质而停下脚步呢？或许是一块色彩艳丽的石头，或许是一块晶莹剔透的宝石，或许是某种露出地面、摸起来光滑的东西，让人忍不住捡起它，刷干净，然后细细研究。或许有那么一点点可能，那个闪闪发光的东西，正是金、银或者宝石。你可以把它带回家自豪地展示一番，又或是将它遗忘在某个柜子里，某个只有你知道的隐秘的地方。在地面挖掘并将石头粉碎，或者从火花四溅的热煤堆残留物中看到迸溅而出的通红的物质，我们的祖先就是这样发现了最初的一部分元素吗？

　　我们可以想象，在伟大的社会文明出现之前，有那么一群人，他们围坐在篝火边，谈论着一天的经历——关于狩猎，关于食物，关于他们的所见所闻。其中一个人展示了一块精美的石头——在火焰的光影中闪闪发亮的蓝色物质。她拿起石头，开始小心翼翼地敲凿它，试图将它做成一件可以挂在脖子上的首饰。另一个人也小心翼翼地握着某件物品，那是他捏碎一小块岩石时分离出的闪烁光亮的块状物。然后，他张开手，让其他人也领略一下这大自然中的微小奇迹。

古老的元素发现者

并非所有的化学元素都有其正式的发现者和被人类第一次熟知的具体年份，历史书中经常说它们"史前时代就为人所知"。这意味着在现代化学家将它们归类并整理进化学元素周期表之前，它们就已经被使用了很多年。在最近的几个世纪中，科学学术对出版和文献的严格要求，才让人们详细了解了元素的发现者、发现地点和发现时间。而在生活中引入"元素"一词，也经历了相当长的时间。但我仍将用"元素"一词描述那些在学者研究它们之前就已被熟知和使用了多年的物质。

金、银、铜、锡、铁、铅这六种金属就是这样的物质，它们在《圣经》旧约和古印度文字中都被提及，这多少说明了人类对它们的了解由来已久。它们也是化学元素周期表中古老的成员。然而，这些历史悠久的资料并没有说明谁是它们的首次发现者，或者这些发现是如何发生的。所以，如果我们想描绘这些生活在数万年前的人类，就必须运用我们的想象力，去想象他们的面孔、思想和情感。

对我而言，石器时代的篝火画面很快变成了童年时期我最喜欢的动画片《很久以前……人类》（*Once upon a time...Man*）的翻版。这很容易让人沉浸到对石器时代人类的探索中，感受到古人想要发现与理解事物的渴望。除此之外，我们还看到顽皮的孩子在树林和田野间穿梭奔跑，将他们一路上发现的奇怪、美好和有趣的东西带回家。一些充满智慧的父母用孩子捡回的东西做成一些实用的东西。而睿智的大师则看到了别人看不到的事物之间的联系，并思考如何将这些实用的东西最大限度地运用于自己的生活中。从篝火的石头残骸中溅出的液态铜，让人们对液态铜的使用发展出了诸多可能性。

140亿年的化学元素

铜，俗称红铜，是人类最早使用的金属之一。在伊拉克或曾被称为美索不达米亚的地区，人们发现了一万多年前的铜珍珠。这种炽热的红褐色金属经常被用于珠宝、针制品和装饰品中。与石头相比，铜的质地更加柔软，不用加热便可以用更为坚硬的石器将其塑形，因而更容易制作成器皿。然而，在涉及战争和狩猎的工具中，古老的石头和燧石武器仍占据主导地位，对于制成用于此种目的的工具来说，铜过于柔软。

铜之所以早就为人所知，并非因为巧合——它是为数不多有可能在地壳中存在纯矿的元素之一。银、金和铁也是如此，它们在很早之前就被人类使用。然而，铜和其他金属主要隐藏于地壳中，或以与其他元素结合的化合物形式存在。为了能大规模地利用它们，人类首先必须学会将它们提炼出来。

不同元素的原子或多或少持久稳定地结合着，并通过这些不同的组合呈现出全新的形状和特性。所有这些都被融入并压缩进一个不可思议的漫长过程，这一过程可以追溯到地球起源的四五十亿年前。而我们祖先发现的那些纯元素，则是后来才出现的。它们来自太阳系的死亡恒星、遥远的行星或小行星的残余物，这些残余物飞过太空并作为陨石的一部分撞击地壳。在某种程度上，可以说一切都来自太空，我们来自星辰。

一切都源于那场近140亿年前的"宇宙大爆炸"。元素显然也不例外，毕竟是它们构成了万物。它们的创建顺序基本遵循元素周期表中不断上升的原子序数。"宇宙大爆炸"实际上只产生了氢和氦，它们是元素周期表中最早和最轻的元素，也许还产生了少量原子序数为3的元素（锂）或者更少的原子序数为4和5的元素（铍和硼）。这些发生在"宇宙大爆炸"后10秒到16分钟之间。

大爆炸之后，宇宙进入为期大概1.5亿年的冷静期，直到氢和氦聚集结合，恒星出现。伴随着恒星内部的核聚变，其他元素开始生成。在内部巨大的热量以及压力下，那些轻的原子核通过聚变形成更重、更大的原子。如果恒星足够大，那么原子质量就会继续增加，并产生新元素。在第一个生命周期，一颗超级巨大的恒星最多可以生成原子序数为26的元素（铁）。太阳最多生成原子序数为10的氖元素。恒星死亡后，会以红巨星[①]的形式继续存在，并通过不同的反应继续产生更重的元素。

在元素周期表中，排在铀（原子序数为92）之前的元素都有可能在地球自然界中找到。重元素[②]的起源一直是未解之谜，长期以来被归因于超新星的爆炸[③]，但在2017年，与之不同的另一个理论被证实是正确的，即相互碰撞的中子星以极快的速度产生最重的元素。中子星偶然撞击地球，这就是我们的祖先在数千年前能够使用金属的原因[④]。

1857年，在美国密歇根州发现了有史以来最大的纯铜块，长达15米，宽7米，高3米，重达400吨。第一批采矿者遇到的铜的数量并不多，更多的是零星散落的铜矿。在地球上，大部分铜都以无法辨认，且与其他物质结合的不同化合物的形式存在。

---

① 红巨星是恒星燃烧到后期所经历的一个较短的不稳定阶段。红巨星时期的恒星，表面温度相对较低。表面温度的下降，使得恒星的颜色倾向红色，因此被称为红巨星。红巨星极为明亮，体积非常大。

② 重元素主要是指原子序数较大且相对原子质量较大的元素。

③ 超新星爆炸过程中，发生中子俘获反应而不是聚变反应，从而形成重元素。中子俘获反应有两种过程，分别为快过程（r-process）和慢过程（s-process），在这些过程中形成了不同的元素。

④ 恒星内部的聚变反应可产生碳和氧等轻元素，却无法产生金这样的重元素。美国研究人员的一项天文观测认为，重元素是由两颗中子星相互碰撞而产生的。中子星是巨大恒星发生超新星爆发后留下的密度仅次于黑洞的恒星。所以，也就有了地球上的黄金可能全部为中子星碰撞爆炸的产物之说。

划时代意义的元素

在铜历史的下一个阶段，我们充满好奇心和富有创造力的祖先设法从含铜的矿物中提取出了纯铜。或许，当晚上篝火旁的石头中熔融的金属映入眼帘时，如何提炼它们的第一个想法就出现了。很快，铜的大量生产便有了可能。公元前5000年，这种技术在几种文化中得到了发展。这一步是如此巨大和重要，以至于这一时期被命名为"红铜时代"（也叫"铜石并用时代""金石并用时代"）。这种铜文化主要出现在地中海、中东和远东地区。铜本身很有可能是以塞浦路斯岛（Kypros）命名的，因为那里有大量的铜矿，但也可能是相反的情况，该岛之所以得名"塞浦路斯"，正是因为盛产铜。

一段时间后，红铜时代过渡到青铜时代。在挪威，人们跳过了这个中间时期，直接从石器时代进入青铜时代。青铜，主要是指铜和锡两种元素的混合物，可能其中还夹杂其他元素（比如铅），但这两种元素始终是最重要的。在美索不达米亚、埃及和泰国发现了最古老的青铜器。

作为制作生产工具的材料，铜过于柔软，而当混入5%到10%的锡时，就会变得坚硬。对我们来说，这听起来有些矛盾，对我们的祖先来说，想必也是如此。柔软的铜与更软的锡混合在一起，反而变得足够坚硬，可以用来制造坚实的工具和致命的武器。不同元素相互组合，会形成新的特点。一个明显的例子，就是将有毒的银白色金属钠和黄绿色剧毒气体氯混合，就变成了氯化钠，也就是白色、无害、对人体至关重要、每天都会出现在餐桌上的食用盐。

如今，化学家通过研究原子在化合物中的自我整合方式来解释这一点，虽然过去的青铜制造者没有这么做，但他们在反复的试验中发现了同样的规律——混合的比例尤其重要，加入的锡越多，制成的武器和工具就越坚硬。

铁，同样在铁器时代之前就早已为人所知。这种金属遍地都是，占据了地球重量的三分之一以上，对人们来说并不稀奇。大部分铁都存在于地核中，但在最外部的地壳中，铁是第四常见的元素。

公元前1500年，当生活在今天的土耳其的古人设法提取铁时，青铜时代向铁器时代的过渡便开始了。铁本身无法与坚硬的青铜相抗衡，但当它与木炭中的碳混合时，它就会变得非常坚硬。这种混合物是钢，它的硬度是青铜的两倍，比纯铁更适用于制造剑和盾牌以及日常工具。

碳：生命之源

某种程度上，史前时代的祖先们与一些元素有着密切的联系。除了金、银、铜、锡、铁和铅、汞、硫、砷、锑，可能还有锌在公元前就已经被使用。当然，还有至关重要的碳，这个在本书中无处不在、原子序数为6的元素。

碳原子具有非常特殊的相互结合以及与其他元素结合的能力，碳的化合物多到科学家都无法全部统计。碳循环创造了生命，随着碳从空气中释放，经过植物的光合作用，进一步形成人类和动

主要成分为碳的钻石矿石

物所需的能源，然后再回到空气中。碳原子是人类的脱氧核糖核酸（DNA）、蛋白质、脂肪以及生物体赖以生存的糖分子的核心组成部分，人体的五分之一是由碳组成的。正因如此，当天文学家在其他星球上寻找生命时，他们首先主要寻找的便是碳元素。

在史前时代，碳在日常生活中的形态并不为人所知。其实，当篝火熄灭、大火被扑灭，只剩下富含碳的木炭时，我们的祖先认为这就是碳。4万年前，我们的祖先或许正是用碳在洞穴的墙上绘制了第一幅艺术作品。至少三千年以前，古印度人发现了第一颗钻石。后来，人们又惊奇地发现，钻石主要由碳元素组成。外行或许很难理解，煤炭和钻石等物质只是碳通过不同形式组合而成的。当纯银和纯金围着篝火出现时，我们的祖先可能没有意识到，纯金仅由金原子组成，而纯银仅由银原子组成。但这些问题被富有好奇心的人类解决只是时间问题。正如西方文明中的其他许多事物一样，关于元素的思考始于希腊哲学家，对他们来说，没有什么谜题是过于宏大的，也没有什么问题是微不足道的。

土、火、空气和水

　　在梵蒂冈的一面墙上，人们可以看到文艺复兴时期艺术家拉斐尔绘制的6米高、7米多宽的《雅典学院》壁画。在画中，我们可以看到希腊哲学家们正在思考和讨论问题。拉斐尔将柏拉图和亚里士多德这两位著名希腊哲学家放在了中心位置，他们和其他以各种姿态呈现的人物，都在竭力解决"世界是如何联系在一起的"等问题。

　　他们不是化学家、工程师或工匠，也不从事金属提炼之类的工作，更不在实验室里进行各种试验；他们的工具不是石刀、铁砧、熔炉、试管、镊子或吸管，而是纯粹的哲学和逻辑思维。在公元前两三百年，这种思考和讨论在希腊十分常见。直到现在，希腊人的哲学思想依然影响着人们。当拉斐尔被任命去绘制尤利乌斯二世教皇的宫殿壁画时，人们对希腊的崇拜在文艺复兴时期达到了高潮。

细观现代的化学元素周期表，人们会发现，其中没有任何元素是希腊哲学家或者其同时代的人所发现的。铸匠和工匠对一些元素的化合物比较熟悉，但不是"元素"意义上的熟悉。直到两千年后，人类才陆续发现了这些元素。然而，后人对希腊文明的钦佩和迷恋显而易见，许多元素的名称源自希腊语，不少元素直接或间接地以希腊神话中的人物命名。

事实上，如今的化学和物理体系并非源自希腊哲学，而且人们很容易将一些希腊哲学家的理论否定为没有现实根源的任意推测，或认为他们对世界的机制和结构的尝试性理解是天真、几乎幼稚的，但我们也可以选择强调它们的奠基意义：一种基于对现有知识的掌握而想要了解事物之间联系的愿望。如果考虑到这一点，亚里士多德和其他人的形象就变得崇高了，正是他们对世界的不断追寻，引领人类不断前进，使科学发展到了今天的程度。好奇心，是科学发展的先决条件。从这一点来说，我们看到了两千五百年前的希腊哲学家是如何在没有显微镜和先进化学实验室的情况下，探究我们今天所说的元素和原子"轮廓"的。

四元素

对于将谁画进了这幅著名的壁画中，以及把他们安排在哪个位置，拉斐尔没有留下任何记录。但今天大多数人认为，在《雅典学院》左下角，那个弯腰坐着的人正是恩培多克勒（Empedokles）。他被视为第一个收集哲学前辈们思想线索的人，也是提出世界由土、火、空气和水四种基本物质组成的人。在挪威语中，人们用单词"elementer"（元素）称呼这四种物质，从而避免将它们与今天所称的"grunnstoffer"（化学元素）相混淆。

壁画中那个谦逊的、姿势近乎怀着愧疚的形象，并不完全符合恩培多克勒在一些故事和神话中的形象。他生活在公元前5世纪的希腊殖民地之一西西里岛。在家乡阿克拉加斯（Akragas），也就是如今的阿格里真托（Agrigento），恩培多克勒为建立民主政体而奋斗，但最终未能如愿，反而被驱逐出境，而流亡似乎并没有动摇他对自我崇高形象的认定。据说，恩培多克勒相信自己与众神有关，而且有故事说他创造了奇迹，并能够控制风。为了证明他不朽的神性，至少在神话中是这样叙述的，他跳进了埃特纳火山（Mount Etna），只留下了一双凉鞋。或许他根本就没有那么不朽，但他的思想却随着他写的两首长诗被流传下来，他也逐渐获得了诸多追随者。

当涉及世界的组成这一问题时，恩培多克勒提出，万物都由一些基本物质构成，这种想法并不新鲜。在更古老的埃及神话和古代佛教文献中，土、火、空气和水这四个基本成分就已经存在了。在巴比伦，有分别代表海、土、天和风的四神。在印度教文化中，世界被分成土、火、水、空间和空五部分[①]。而在中国，世界被认为是由金、木、水、火和土构成的。

① 也有土、火、水、风和空之说。

壁画《雅典学院》

在恩培多克勒之前的一个世纪，哲学家泰勒斯（Thales）提出，水是其他一切事物之源。而当人们知道黄瓜含有90%以上的水分，人体一半以上都是水时，这个理论听起来也就没那么荒唐了。今天，人们知道水是由氢和氧两种元素组成的。也有人提出气或火为万物由来的理论。当然也有更大胆的理论，但最终都还是围绕这四种元素：土、火、空气和水。显然，恩培多克勒很有可能是第一个提出有关这四元素理论的人。

恩培多克勒设想，我们周围的一切，我们能看到和感觉到的一切，都可以在无数不同形式的组合中追溯到这四种元素。例如，肉和血由四者以大致相等的比例组成，而骨头的成分则不同，很可能由更多的土和更少的水组成。根据恩培多克勒的说法，正是宇宙力量——爱（吸引）与恨（冲突），在力的作用下相互取代、转化，从而改变元素内部的组合联系，最后产生新的物质。爱将元素聚集联系在一起，而恨则将它们分开。

恩培多克勒将这四种物质称为根。"元素"一词第一次被使用是以后的事情了。土、火、空气和水在人们周围的世界中都有其明确的位置，如果不是因为今天我们以发展了两千五百年的知识作为基石，恩培多克勒的整体理论大概看起来是既合理又理性的——最底部是土，其后向上是水，然后是空气，而最顶部是以太阳和星星的形式存在的火。如果把水和土混合在一个瓶子里，然后充分摇匀，很快就能看到它们各归其位——水在上面，土在底部。

亚里士多德赋予元素更长的生命

恩培多克勒去世几十年后，哲学家亚里士多德出现了。直到今天，他的思想依然具有巨大的意义。亚里士多德对恩培多克勒的理论充满热情，觉得有必要进一步发展这些理论[①]。最有分歧的是亚里士多德对恩培多克勒主张的爱与恨作为自然驱动力的看法。亚里士多德认为，事物有四个特征，可以用来解释它们是如何转化的：热和冷，干和湿。这四者包含两个明显的对立面，即一个事物不能同时既热又冷，也不能既干又湿。

亚里士多德因此获得了与四元素完美契合的四种属性组合，火是热的和干的，空气是热的和湿的，水是冷的和湿的，而土是冷的和干的。烧水时，当你把凉水装到锅里的时候，它是又冷又湿的；开始加热时，水的特性因此改变，它会蒸发到空气中，此时仍然是潮湿的，但很热；而当水蒸气冷凝再次变为水时，属性正好又回到了最初的状态。

与这样的理论相比，目前对元素的定义就显得有些枯燥了，没有任何诗意或者神秘色彩：一种元素，即由相同原子序数的原子构成的一种纯净物质，或者说，同种元素原子的原子核中具有相同数量的质子。

知道纯金由金原子组成，纯银由银原子组成，可能不会让我们变得更睿智，相比之下，从由几种元素组成的混合物中分离出

[①] 亚里士多德还引入了第五种元素——以太，这是一种为天体而保留的物质。

这些纯元素更为重要。幸好，数以万计的实验能够帮助我们了解元素。与一个已存在并适应了几代研究人员挑战、论据充足的科学理论比起来，一个引人入胜的科学假设就显得有些苍白了。

在古代的历史背景下，科学实验是一种相对较新的风尚，这也是恩培多克勒和亚里士多德有关元素的理论能延续如此之久的原因之一。直到17世纪，它们才遇到了抵抗的迹象，而几乎是在19世纪，这样的抵抗才最终来临。1789年，法国著名化学家安托万·拉瓦锡（Antoine Lavoisier）在彻底改革化学学科时感叹道："将自然界中的所有物体简化为三四种元素的热情，源自我们从希腊哲学家那里继承的偏见。"拉瓦锡和他的拥护者坚持认为，科学应根据实验和事实得出结论。他将元素定义为无法用现有的方法进一步划分为新成分的东西。也许这个观点并没有那么令人兴奋，但对研究人员来说更有用。

四元素理论被沿用了许久，并不意味着我们的先辈不智慧。在现代人对希腊人寻找世界秩序的努力指指点点之前，我想再次提醒，他们没有显微镜、望远镜或化学实验室，更没有如今的物理学家用来撞击原子的粒子加速器。在没有这些仪器的前提下，四元素理论是有一定合理性的，尤其它还对其他许多领域产生了一定影响。例如，它们与当时流行的医学理论相得益彰。被人们誉为"医学之父"的希波克拉底认为，人们的健康取决于黄胆汁、黑胆汁、血液和黏液这四种体液的平衡，黄胆热干如火，黑胆干冷如土，黏液湿冷如水，血液湿热如空气。根据希波克拉底的说法，这些液体分别在肝脏、脾脏、大脑和心脏中产生，并以一定的比例存在于人体内。人们之所以会生病，是因为这些平衡被打破了。正如亚里士多德影响了化学家两千年，希波克拉底关于健康的概念对世人的影响至少也持续了同样久的时间。在医学界，医生弃用放血疗法也并没有多久（放血疗法的使用在欧洲一直持续到19世纪末），而放血疗法的目的正是恢复体液之间的平衡①。

对一种科学理论来说，如果它与众多经验一致，并且可以解释许多不同的现象，那么这就是一种优势。因此，两千年来，在没有明确挑战者的情况下，四元素及其分支理论占据了主导地位。中世纪基督教哲学家受益于亚里士多德，并将其纳入他们的神学体系。其他几位古代哲学家被彻底抛到了一边——那些被亚里士多德称为对手的哲学家便不再有任何位置，德谟克利特（Demokrit）便是其中之一。

用原子说对抗荒诞

拉斐尔在画《雅典学院》时，似乎忽略了德谟克利特。在试图辨认画中众多人物的研究者里，很少有人能看到这个被称为"笑的哲学家"的人的踪迹。然而，在梵蒂冈的壁画上，德谟克利特头上戴着一个花环。无神论者德谟克利特戴着象征着教皇的

---

① 心理学提出了四种气质学说，使整个理论更加完整。过多的空气，即多血质，给人一种快乐开朗的性格；过剩炽热的黄胆汁，使人暴躁和冲动；忧郁的人，含有太多的黑色胆汁（土）；而太多的水在身体中以黏液的形式存在，让人既懒又迟缓。

橡树叶花环，这无疑是一种讽刺。

德谟克利特与恩培多克勒、亚里士多德在生活时代上有一部分重合，对后来的文艺复兴造成了或多或少的影响。哲学家伯特兰·罗素（Bertrand Russell）曾指出，这位"笑的哲学家"的许多观点并不可笑，恰恰相反，它们与现代科学非常相似。根据罗素的观点，德谟克利特并没有像他同时代的许多思想者一样落入相同的思维陷阱。

德谟克利特及其相关思想只出现在其他哲学家的论述中，而他本人的著作可能是因为没有得到妥善的保存，基本上没有流传下来。尽管如此，有足够的参考资料证明，他是古代原子理论的主要贡献者。出于纯粹的哲学猜想，德谟克利特声称："万物的本原是原子和虚空。"

根据德谟克利特的说法，原子是无限多的，而虚空是无限大的。他认为原子在不停地运动，所以难免会偶尔发生碰撞。通常，它们就像微小的台球一样弹跳着，但有时候表面上的小凸起、小钩子或者小尖刺会使它们相互粘连到一起。在德谟克利特看来，当足够多的原子聚集在一起时，它们就变成了大到足以让人看到的东西。原子的大小各不相同，从而出现了不同的关联。至于它们具体是什么样子、究竟有多大，德谟克利特并没有明确指出。

借助当今最先进的实验设备，科学家可以"看到"单个的原子。2018年冬天，研究人员发布了一张照片，他们声称可以用肉眼看到锶原子——虽然它只像一个淡蓝色的点，但至少可以让人感知到那里有东西存在。然而，"微小"这样的字眼并不能准确形容原子的大小。最小的氦原子，3 000万个才有1毫米大，我们的头发大约是100万个碳原子的厚度，一滴水由20 000亿个氧原子和40 000亿个氢原子组成。也许，"难以置信的小"就是最好的表述。如今，"不可分割"的原子由更小的质子、中子和电子组成，组成质子和中子的更小单位是夸克。

对于德谟克利特来说，原子的重要特征之一是不可能再分成更小的部分，"原子"这个词本身就意味着不可分割。他需要建立一套理论来对抗同行们的猜测——那些他认为并不直观且与他所看到的事物相悖的猜想。有些哲学家可能看起来像是好辩者。德谟克利特反驳了那些声称可以将事物、距离和时间无限划分至更小单位，并以此为证据证明所有的变化和运动都只是幻觉的人。

这个争论是通过阿喀琉斯永远无法追上乌龟的故事而闻名的[①]。阿喀琉斯是一位比乌龟跑得快，很快就能将总里程减半，而新的距离被减半得更快，以此类推，每段新路程被减半的速度越来越快。争论的主要问题在于，阿喀琉斯在通过一半的路程之前，必须始终保证有一段可以被继续减半的路程。如果阿喀琉斯和乌龟之间的距离可以无限地减半，那观众从旁观者的视角看到阿喀琉斯极速超过乌龟，将乌龟远抛其后的情景就只是一种错觉了。这种无限的划分最终否定了所有运动和一切变化，而德谟克利特认为，一定有一个点是不可能再分的，必须有某种不可再分

[①] 古希腊学者芝诺曾经提出一个著名的阿喀琉斯与乌龟赛跑的悖论，也称"芝诺悖论"。

的东西，也就是原子。

原子理论在古希腊获得了一些人的推崇，但很快就进入了长达两千年的"冬眠"状态。这样一比，睡美人的百年沉睡看起来就像是短暂的午睡。直到19世纪初，德谟克利特的理论才重回人们的视野。而亚里士多德再一次被认为是导致原子理论陷入沉睡的原因。原子理论和四元素理论不能共存，后世对亚里士多德及其理论的拥护，赋予了四元素理论漫长而丰富的生命，原子理论因此被遗忘，不得不等待一场科学的革命，使科学家摆脱延续了两千年的亚里士多德理念的束缚。但同时，亚里士多德也是人们了解德谟克利特思想的重要来源之一。亚里士多德并不同意德谟克利特的观点，但他非常看重对方的理论，并将他视为自己最重要的对手之一。

原子理论的优势，以及亚里士多德重视它的部分原因在于原子理论与四元素理论的特性有相似之处。原子理论同样具有很好的解释力，并可以向多维度伸展，它解释了许多不同的事物和现象。但亚里士多德认为它并不适合解释整个世界。例如，原子理论如何解释人类的存在？如果原子只是随机和任意地相互联系，那么为什么会有马、绵羊和山羊这样稳定存在的动物？为什么人类可以孕育婴儿，而不仅仅是一群没有目的和意义四处游荡的原子的结合？

德谟克利特并不能像我们今天这样，知道原子结合与电子配对或离子键有关系。因此，在第一场较量中，原子理论输了，而亚里士多德赢了。但是今天，原子理论已经是小学课本上的内容，学生被要求对原子、分子有一定的了解。

在某种程度上，德谟克利特最终胜出了，尽管他的原子理论与现在小学课程中的原子理论大不相同。德谟克利特的原子与我们所说的元素没有任何联系。在德谟克利特的理论中，一种随机的原子混合产生了铁，另一种原子混合变成了铜，第三种原子混合可能变成金；今天，我们通过原子来定义元素，铁原子的结合形成铁，金原子的结合形成金，碳原子相互结合形成碳（无论它们是煤还是钻石）。

希腊哲学家们对西方文明的贡献如此之多，以至于在我们指责他们对自然的理解存在误解和错误时，这样的指指点点会让人觉得有些不公平。在物理学、化学和生物学中，希腊人的很多理论成为奇闻轶事。也许哲学、美学和政治领域的继承者更善于调整、改进，使理论现代化，而化学家首先怀抱着用其他材料制造黄金的希望（根据亚里士多德的原理，这只是改变干湿、冷热性质的问题），这样他们就踏上了漫长的神秘主义和炼金的道路。

氩常用于焊接

04

当50桶尿液变成发光的磷

　　16世纪的某一天，一个来自东方的阿拉伯人来到布拉格。他戴着头巾，穿着飘逸而独特的长袍，租了一栋昂贵的房子。他出手大方，毫不掩饰自己的富有。当时，布拉格的炼金氛围越来越浓厚，这个阿拉伯人很快就站稳了脚。他暗示人们，他掌握着能让所有人都变得富有的秘术，只要人们给他金子，他就能将其增加十倍。那些贪婪和充满好奇心的人纷纷参与，然而，现实并非像人们所想的那样。这个阿拉伯人将坩埚里所有的金子都收集起来，开始加热。突然，传来剧烈的爆炸声，房间里烟雾缭绕，所有的烛光都灭了。当烟雾和骚动消散后，只剩下一间破败的实验室，仅有的一扇窗户敞开着——大小刚好够让这个阿拉伯人带着黄金逃离。

"江湖骗子"还是"科学家"

　　自数千年前第一个小块被发现以来，79号元素就一直吸引着人类，让人为之着迷。在所有文明中，黄金一直是财富和权力的象征。长久以来，找到大量黄金是很多人的梦想。如今，加利福尼亚和阿拉斯加的淘金热已经成为历史，挖掘机正在挪威中部的基斯纳（Gisna）河谷里采掘，期望找到这些时不时在河谷砾石中出现的金砂的来源。所有想参与该地区淘金的人，都可以在一个叫"掘金营"的组织注册。他们的目的是通过"金"这个词找到真正意义上的"贵金属"。

　　即使是中世纪的科学家——那些被嘲笑和讽刺的炼金术士，也一直怀有寻找黄金的梦想，这些流浪的神秘江湖骗子声称，他们可以用灰色的石头或者其他金属造出黄金。如今，人们很容易就能识破他们的骗局并嘲笑他们，因为我们知道这是不可能的。单纯靠采挖来发现黄金，可以说是一种很乐观且幼稚的做法——但事实上，你可能会发现一些意想不到的有价值的东西。炼金术士将铅或者其他金属变成黄金的尝试是徒劳的，铅原子终究只是铅原子[①]。

---

① 　然而，借助当今的技术，将一种元素的原子变成另一种元素是可能的。正是这样，大量的重金属元素被发现了。

16世纪的炼金术士

　　很多炼金术士只是想轻松赚钱的骗子。这样一来，即使是那些带着高尚意图的炼金术士，也会逐渐被指责为坑蒙拐骗，他们的生活因此变得颠沛流离。确切地说，这样的指责甚至可能会危及生命。当国王和其他统治者没有如期得到被承诺的黄金时，他们自然不会轻饶炼金术士。炼金术士唯一的自救方法便是尽快逃往下一个城镇。

　　19世纪初，"新科学"的代表们尽其所能地将他们的前辈置于最坏的境地。但大多数的故事总是不止一面，今天人们更愿意以仁慈的眼光看待炼金术士。作为距离他们有一段历史的旁观者，我们更容易看到，几位最重要的炼金术士所用的方法、态度与稍后被誉为"科学革命的方法"有着诸多相似之处。这些炼金术士进行各种实验，加热和冷却物质，对一些物质进行测量和称重。他们发现的许多东西对后代的化学家具有重要的价值。不幸的是，这些炼金术士也遵循了一些阻碍实验的基本原则，以至于他们难以清楚地了解自己所做的实验。从为他们辩护的角度以及科学历史的角度看，这不是科研者第一次落入这样的陷阱，也不是最后一次。

其中最大的阻碍之一是他们从亚里士多德那里继承的四元素理论——不一定是关于土、火、空气和水本身，也有可能是关于通过去除或者增加热量和水分来改变物质的想法。这些思想、理论和理念经地中海一直传到埃及亚历山大港，那里有更多更娴熟的能工巧匠，准备将这些理想和理论付诸实践。

与其把这些人称为化学家，不如称他们为冶金家更合适，毕竟各种金属被他们运用到了工作中。铜、锡、铅、汞、铁、银，当然还有金，都被制成了工具、器皿、装饰品和珠宝。这些冶金家很实际，并且热切地寻求正确的冶炼配方（即可将其他金属变成黄金的完美混合比例），以实现亚里士多德的理念。实验层出不穷，理论也变得越来越神秘，而这也许是因为并没有一个人能成功制造出黄金。

古代化学和炼金术用具

贾比尔：第一位化学家

　　成功的缺席并没有阻止冶金的空想从埃及继续向东传播至阿拉伯。最终，它们出现在波斯炼金术士贾比尔（Jabir ibn Hayyan）的著作中。在欧洲，贾比尔以"Geber"[①]的名字为人熟知。他可能8世纪初出生于波斯，但他究竟是谁，是一个人还是一群人，以及又是谁撰写了与他有关的文章，这些都不得而知。在随后的几个世纪中，继承者层层叠加神话和奇幻的故事，为贾比尔的形象蒙上了一层神秘的面纱。有人称他为"化学之父"，他在化学史上的特殊地位是因为他明确提出，化学家应该以实验的形式开展实际工作，而那些不遵循这个号召的人永远都无法掌握这门学科。据说，贾比尔发明并使用了许多至今仍被化学家沿用的设备、工具和器皿。

　　贾比尔认为，除了四元素，还存在另一种本原。当然，我们不能将本原与如今所说的元素和原子相混淆。贾比尔对汞和硫有着特别的偏爱，这两者在如今的元素周期表中占有一席之地。但对贾比尔来说，这两种物质是最重要的[②]，它们不是可以拿在手里或者用于实验的东西，而更像是一种本原。在欧洲，汞和硫后来

---

① "Geber"是阿拉伯名称"Jabir"的拉丁语形式。
② 根据贾比尔的观点，所有金属都是由汞和硫这两种本原组成的。这两种本原在地下以不同的比例和纯度结合，产生不同的金属。最精细的硫和汞按照完美的比例混合，就会产生金。但实际上，阿拉伯的炼金术士只能获得辰砂，也就是硫化汞。

被称为"哲学汞"和"哲学硫"[①]。在贾比尔看来，这两种物质与其他四元素并不存在直接竞争关系，而是像其他四元素一样，以不同的比例存在于所有金属中。根据贾比尔的说法，黄金是含汞量最高的金属。因此，要从铅中炼金，最具挑战性的就是增加汞的含量。

对于欧洲的炼金术士来说，汞（即水银）作为一种神秘的"第一物质"，逐渐变得比金更重要。汞是唯一在室温下呈液体的金属，因此它在历史上获得特殊的地位也就不足为奇了。汞的化学符号是Hg，源于拉丁文"hydrargyrum"，意为"液体银"。汞在很久以前就被视为健康长寿的源泉，但汞蒸气是有毒的。而硫在很早以前就被视为具有威胁性的物质。

贾比尔还对另一种已知元素锑有着浓厚的兴趣。据说，古埃及女性曾将这种物质用作睫毛膏，而近代人指责它夺走了作曲家莫扎特的生命。据传，莫扎特在治疗发烧时服用了过量的锑。一想到可以观察通过铜矿中的锑将铜变成金，贾比尔非常激动。锑既可以以易碎的金属特性存在，又可以以灰色粉末的形式存在，因此看起来既像汞又像硫，难怪贾比尔会偏爱它。

[①] 14世纪的法国炼金术士提出了一个制造"哲人石"的详细配方，用经过特殊净化的汞和"哲学硫"生成"哲人石"。他认为石头像金属一样，由汞和硫组成，这后来成为欧洲炼金术的共识。这里的汞和硫实质是一种"假名"，几乎可以指涉任何东西。"哲人石"被认为是炼金术中的"唯一物质""万有灵药"，或者"第五元素"，它有将"贱金属"（比如铁、铜）转变成"贵金属"的魔力，也被称为"点金石"。18世纪以前，只有七种金属得到认可：金、银、铜、铁、锡、铅、汞。金、银是"贵金属"，其他都是"贱金属"。在《哈利·波特》中，为了迎合读者群体的认知，哲人石也被译为"魔法石"。

神秘的隐喻

有关布拉格江湖骗子的故事就发生在布拉格。布拉格至今有两座炼金术博物馆。这座城市就像一块磁铁，吸引着占星家、魔术师和科研者，尤其在神圣罗马帝国皇帝鲁道夫二世统治期间。那个江湖骗子是否真的是阿拉伯人，这并不重要。不过需要强调的是，欧洲炼金术最重要的灵感来源于中东和贾比尔。"炼金术"（alchemy）这个词就来自阿拉伯语（alkimia，"技巧"的意思）。

相比之下，当时欧洲在炼金术方面要落后一些。部分原因可能是公元292年时，罗马帝国皇帝戴里克先（Diocletianus）下令销毁了所有与炼金术有关的文字和记载。这位皇帝担心，如果这些炼金术士设法生产大量黄金，那么他发行的钱币价值就会暴跌，整个国家的经济都会崩溃。欧洲人在炼金术方面的匮乏，使得他们对"东方化学家"的来访感到异常兴奋，尽管这可能带有被欺骗的风险。

8世纪，当阿拉伯人入侵伊比利亚半岛时，贾比尔的炼金术也随之传入。11世纪，炼金术风靡一时，吸引了许多人开始研究。然而，这些神秘的方法经历了几个世纪的流传后，变得既不清晰，也不易理解，因为它们不断被改写和重写。例如，汞被称为药膏、蜂蜜、夏露、油、绿叶或者赫尔墨斯之鸟。这种语言上的隐喻确保了炼金术士无法破译彼此的配方，也有助于模糊宗教的守护者——炼金术士的实验室里发生的很多事情，并不完全符合当时的官方规定和正统教义，这些炼金术士没有理由用过于诚实的描述来暴露自己所从事的事务。而这些关于炼金术语的隐喻性语言有时也暗含了一个事实，即炼金术士本身也并不真正了解自己在做什么。

今天，炼金术思想和语言仍可能在某些替代医疗和占星（星座）周刊上出现，但大多数情况下，人们需要通过想象力、电影和文学作品才能找到它们。在《哈利·波特与魔法石》中，除了魔法石，还有它的主人尼可·勒梅（Nicholas Flamel）。但此人并不是一个纯粹的虚构人物，而是一个于14、15世纪生活在巴黎的炼金术士。

魔法石也不是作者J.K.罗琳凭空捏造出来的。对这种神秘物质（哲人石或魔法石）的寻找，是许多炼金术士思想、著作和实验的中心。它并不一定指用混凝土构成的有形石头，可以只是一种微红色的粉末（一种能使配方达到预期结果的、必要的秘密成分）。因此，如果不能炼出这样的"哲人石"，就不配自称为真正的炼金术士。或者，至少要让外界认为你拥有它，以及让人知道这种"哲人石"在将"贱金属"变成黄金时尤为重要。其他所有的金属都可以转变成黄金——随着时间的推移，它们变得越来越贵重，但要让大自然独立完成这项工作，进程是异常缓慢的，这时"哲人石"就有了用武之地，它可以加速自然进程。

好争论的帕拉塞尔苏斯

在流浪医生和炼金术士中，最著名的要属帕拉塞尔苏斯（Paracelsus）。他出生在瑞士。1507年，帕拉塞尔苏斯14岁，他开始了欧洲之旅。起初，他在各大学之间游走学习，后来他开始

帕拉塞尔苏斯

主要从事医学工作。他从来没有在一个地方长久停留过，直到1541年去世，他的足迹遍布欧洲的大部分地区，南至埃及，东至阿拉伯和俄国，北至瑞典的乌普萨拉（Uppsala）。

帕拉塞尔苏斯不同于那些努力制造黄金的同行，在他看来，他们纯粹是在浪费时间。他声称，自己沉浸在实验室的各种实验中，是为了寻找医学疗法。他的工作得到了认可，人们认为他的付出对即将到来的现代科学具有重要的先导作用。帕拉塞尔苏斯和一些严肃的炼金术士通过各种设备和实验（这些设备和实验甚至在现代也不过时），研究各种物质的化学反应和性质。但值得注意的是，帕拉塞尔苏斯进行这些实验，并非为了检验他的想法和假设，而更可能是将这些实验作为证明自己正确性的一种方法。

拥有"哲人石"和制造黄金的能力，是帕拉塞尔苏斯在欧洲各地传说的一部分。根据其助手弗兰兹写的一封信，帕拉塞尔苏斯想创造一个金块。"弗兰兹，我们没钱了。"据说，帕拉塞尔苏斯说完这句话，就派助手用最后一点钱去药房买了一些水银。在实验室里待了几个小时后，弗兰兹拿着炼成的金块去找铁匠换钱。在多年后写下的这封信里，弗兰兹描述了整个炼金的过程，但只有一个例外，那就是他不敢问帕拉塞尔苏斯用蜡封住的榛子大小的块状物究竟是什么，而这显然是冶炼过程中很重要的一部分。通过他的描述，毋庸置疑，那被秘密封藏的东西必定是"哲人石"。

在一些化学史家眼里，这只不过是弗兰兹获取关注的花招。而帕拉塞尔苏斯只是以这种方式戏弄了他的助手，他知道助手们认为自己有制造黄金的能力，也知道他们密切关注着自己的一举一动，希望能够通过他揭示炼金的秘密。铁匠也想知道炼金的秘密。所以，当弗兰兹带着"金块"来换钱的时候，铁匠心甘情愿被他愚弄。此外，炼金术士是否相信自己制造的东西就是黄金？这些问题我们都无法得到答案，所以我们情愿假设炼金术士冶炼出的是一种与黄金非常相似的物质，如果它不是黄金，那么至少看起来应该像黄金，而做到这一点或许就足够了，因为要证明某物不是金子并不容易。

尽管帕拉塞尔苏斯声称他对黄金不感兴趣，但这个无礼且张扬、喜欢抨击的流浪者激怒、惹恼了不少人，很多人想要报复他，所以他一直未能逃脱被怀疑、指责和迫害的命运。而此时欧洲异常动荡，内战、宗教改革以及随之而来的仇恨和敌意，更加剧了他生活的坎坷。

对于帕拉塞尔苏斯来说，四处游走并不安全。1527年，他被任命为巴塞尔市（Basel）医生。一年之后，发生了重大变故。帕拉塞尔苏斯被邀请去大学讲学。为了表达对邀请者的感谢，他讲学时用的是当地的官方语言德语，而非当时学者普遍采用的拉丁语。他还趁机抨击了当地的医生与药剂师。在那些人看来，让更多的人（包括那些没有受过大学教育的人）了解知识仿佛是一件很糟糕的事情。

帕拉塞尔苏斯并没有就此止步。很快，大学的高层和地方当局也成为帕拉塞尔苏斯猛烈攻击的对象。当局对这位好斗的医生发出了逮捕令。在当局计划逮捕他的前一天晚上，帕拉塞尔苏斯被秘密告知了这一消息。他担心被流放到卢塞恩湖（Luzernsjøen）的一个小岛上，第二天清晨便迅速逃离了，只留下了手稿和实验室的设备。

帕拉塞尔苏斯在元素周期表中多少也有一些影响，据说是他让欧洲知道了金属锌，这个在元素周期表中位列30号的元素。早在14世纪，锌在印度就已为人所知。帕拉塞尔苏斯的追随者对于谁发现了锌并不在意。除了汞和硫，帕拉塞尔苏斯还因为将盐作为第三原质而备受关注[①]。这倒不是因为他的观点有助于解释世界是如何联系在一起的，而是因为帕拉塞尔苏斯做出了将化学物质放进不同组合中的尝试。今天，人们已经命名了许多种类不同的盐，它们都至少由两种元素组成，在这个意义上，可以说帕拉塞尔苏斯朝着正确的方向迈出了一步。

医学和化学的出发点是一样的，即无论是元素还是体液，都是关于基本原理之间的平衡的。帕拉塞尔苏斯在人体健康方面

---

① 帕拉塞尔苏斯创立了三元素理论。传统炼金术士认为矿物由汞和硫组成，帕拉塞尔苏斯在此基础上添加了盐。他认为人类是以灵魂（硫）、肉体（盐）、精神（汞）三者组合的形式呈现的，若三者失衡，则人会生病。

投入的精力最多，也正是在这个领域，他的成果是最值得被肯定的。这不仅因为当时与他竞争的"医学科学"大多弊大于利，还因为他意识到，如果令身体处于一种平和状态，那么它是可以自行恢复内在平衡的。当然，这并非总是见效，但跟那些为了治愈轻微伤口就截肢的重大干预手术相比，这种只需要清洁伤口、给病人充分营养，让身体自行恢复的疗法，也许并没有那么愚蠢。

一位终身致力于寻找黄金制造秘方的炼金术士在临终前意识到："要制造黄金，就需要从黄金开始。"许多投身于中世纪科学研究的人可能需要这种生活智慧。当时的科学界并不缺乏对事物的好奇心，以及想要了解世界是如何联系的渴望，在实验方面的创意也并不落后于现代科学家。

对探寻新元素踪迹和将它们分类、系统化的人来说，这几百年看起来可能更像是倒退了。噢，或许有一点可以谈得上是进步，那就是一位主教和业余化学家设法炼出了纯砷，这个在元素周期表中位列33的元素，它是旧时用于杀人的砒霜的主要成分。

如果我们抛开事后诸葛亮的态度，反过来想想他们到底取得了什么成就，那这些化学研究者还是值得钦佩的。他们制造和发明了蒸馏设备、熔炉、水浴法、烧杯、瓶子、过滤器和其他几种辅助工具，而这些工具至今仍被沿用。淘金热也是元素发现历史上的一个催化剂。磷，我们所知的15号发光元素，于1669年在一个黑暗的实验室中为人类所知，没有人在自然界中偶遇过它，它的发现是化学实验以及巨大耐心的结果。

古代化学实验室

50桶长蛆的尿液

德国人亨尼格·布兰德（Hennig Brand）的动机非常明确——寻求黄金和"哲人石"（点金石）。三十年战争[①]期间，在当了一段时间的士兵后，布兰德这位前玻璃吹制工以医生的身份在汉堡定居下来。他没有受过正规教育，人生中的第一桶金来源于婚姻，他和一个家境好、地位高的女人玛格丽特结了婚。布兰德用玛格丽特的钱建造了实验室，开始寻找"哲人石"。在所有关于炼金术的传说和秘密典故的暗示下，布兰德意识到，可以从人体中以某种方式取出"哲人石"。不久，他便想到从尿液中提取黄金，因为至少两者的颜色有着明显的共同点。

这个实验完全可自行动手。布兰德首先将50桶尿液露天放置两周，直到尿液中长满了蛆虫。之后的过程需要一点时间和专业知识。此外，这一过程还包括煮沸尿液，直到只剩下一种黏稠的、类似蜂蜜的物质，然后将这种物质放置几个月。

布兰德想必是既有耐心又有动力，最终他也得到了回报。在几个阶段之后，他得到了一种只要吹一下便会自燃的物质。当他在玻璃容器里加热该物质时，它释放出的光和烟雾使整个玻璃烧瓶都亮了起来。布兰德将这种物质称为"冷火"，他非常确定，这就是自己所寻找的"哲人石"。"磷"这个词，本意是"光的承载者"，在当时通常被用来指任何一种能以某种方式自身发光

[①] 三十年战争：1618 年—1648 年，一场由神圣罗马帝国的内战演变而成的大规模欧洲战争。

约瑟夫·赖特的画作《炼金术士发现磷》（1771年），描绘了亨尼格·布兰德发现磷的场景

052

的东西，直到很久以后，才被用来特指磷这种物质。

这一发现经过几年才被人们知晓。与此同时，布兰德在他的实验室里苦苦研究，想知道这"冷火"能否助他造出黄金。在实验室里徒劳了几年后，他的资金日益吃紧，他不得不把产出的磷全部卖掉。如其他炼金术士一样，他也保密了配方，但是因为说漏了嘴，最终其他人也逐渐掌握了这项技术。在我们眼里，布兰德是第一个在实验室中发现新元素的人，但他没有对"元素"进行定义的概念，商业头脑也不够敏锐，只能看着那些更具商业头脑的磷光粉制造商通过四处举办发光的磷光粉演出大赚其钱。

1678年，布兰德获得了德国汉诺威（Hannover）公爵的永久职位。在那里，他获得了整个驻扎军队的尿液。当这些还不够时，他又从近百公里外的哈尔茨山脉（Harz Mountains）的矿工那里收集了"珍贵的水滴"[①]。之所以需要如此大量的尿液，是因为布兰德的提炼方法并不高效，他只能提炼出一小部分存在于人体尿液中的磷。

新科学携手炼金术

当磷光粉演出抵达伦敦时，化学家罗伯特·波义耳（Robert Boyle）特意邀请了一些学者观看，他们被这种能够自己发光的物

---

① 当时，人们认为最好的尿液来自那些喝大量啤酒的人——士兵和矿工。

质深深吸引了。

　　除了知道它是由"属于人体"的东西制成的，对于磷，波义耳知道的并不多。于是，他启动了一系列尿液实验。然而，这些实验都没有得到满意的结果。波义耳甚至尝试用粪便做实验。最终，他不得不派密探去德国打探消息。就这样，他从亨尼格·布兰德那里知道了更多细节，当然这是收费的。不久之后，波义耳就提炼出了磷。比起布兰德，波义耳的提炼方法更胜一筹，他几乎把所有的磷都提炼出来了，但这并没有让他赚到多少钱。

　　相比之下，从亨尼格·布兰德那里得知秘密的助手却发财了。科学家、炼金术士、医生和从事磷光粉表演的人对磷的需求很大。据说，这种新物质可以治疗癫痫、痉挛等，对性生活应该也有好处。直到一百年后，人们才发现磷是有毒的。

　　罗伯特·波义耳对药物和金钱都不感兴趣。金钱方面的需求，他通过贵族背景就已经实现了。他只想继续进行实验，以获得更多的磷。而这种实验操作方法使他成为后世口中使用"科学方法"的首批代表之一。这就是后人对同时代的两个磷生产者——波义耳和布兰德的评价会如此不同的原因。尽管布兰德进行了巧妙熟练的磷实验，但他仍被视为老派黄金追逐者的代表，只是凭借偶然的运气进入了化学史；而波义耳则被后人称为"化学之父"，如果硬要将他与贾比尔区分开来，那他就是"近代化学奠基人"。

　　波义耳的杰作《怀疑的化学家》经常被视为与前几个世纪炼金术士的对决。无论是亚里士多德还是帕拉塞尔苏斯，这些四元素和三元素理论的代表都受到了波义耳的批判。我们很容易忘记波义耳本身也是一名炼金术士，就连与他同时代的艾萨克·牛顿，那个著名的坐在苹果树下发现了重力的人也不例外。

在牛顿的书房里有大量炼金术文献，据说他写的关于炼金术的文章和关于其他科学的文章的总和一样多。2018年3月，一份长达8页、有关"哲人石"配方的牛顿手稿，以超过200万克朗的价格被拍卖。波义耳和牛顿都认为，用其他物质制造黄金是可能的，两人在信件交流中经常讨论这一点。据传，波义耳甚至写到他知道如何提炼黄金，但牛顿建议他对这一点保密。

尽管与炼金术有着明显的联系，罗伯特·波义耳仍然是化学天空中闪亮的明星，是17世纪以来科学革命的关键人物之一。波义耳虽然没有像亨尼格·布兰德那样发现新元素，但他帮助后来的化学家更好地完成了有关理解世界是如何联系在一起的任务。他自觉远离了围绕着许多炼金术士及其文字的一切秘密和谜团，用清晰明确的语言描述了自己的实验，并发表了这些文章，以便任何人都可以熟悉和重复他的实验。从那时开始，科学将建立在观察和实验的基础上，终结那些哲学、宗教和神秘的推测。

那么，我们就会猜想，为什么波义耳要封印两封直到他去世后才能被打开的密信，而其中一封密信包含了他的磷配方，这难道真的与黄金无关吗？

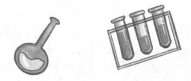

05

强大的化学王国瑞典

    1782年夏天，两名旅行者来到斯德哥尔摩以西一个叫雪平（Köping）的小地方，这里居住了大约1300名居民，他们敲开了一家药店的门。这两个人一个是法国化学家，一个是西班牙化学家，他们完成了在瑞典乌普萨拉大学的学习，途经矿镇法伦（Falun）和康斯伯格（Kongsberg）返回欧洲大陆。他们之所以绕道来到雪平斯托拉街（Stora）和奥斯特拉长街（Östra）拐角处的药店，并不是身体出了问题。一个穿着围裙的年轻人打开了门，仔细看了这两人带来的乌普萨拉大学教授的推荐信后，邀请两人进屋，一起畅谈化学。但无论是在办公桌前还是在实验室里，他都并未让谈话中断自己的工作。这两位远道而来的客人邀请他共进晚餐，他

中世纪欧洲药店

答应了，但晚餐一结束，他没来得及道谢便又回去工作了。

那位西班牙化学家是胡安·何塞·德卢亚尔（Juan José Elhuyar），他在雪平逗留了两天。第二年，他宣称自己发现了钨元素（Wolfram）。而那个穿着围裙的瑞典人正是世界著名的化学家卡尔·威廉·舍勒（Carl Wilhelm Scheele），世界上第一个元素"批发商"，发现了不少元素。后来的事实证明，钨其实也是他首先发现的，尽管舍勒称其为"Tungsten"[①]。

在此之前的一个世纪，罗伯特·波义耳并不是唯一一个自觉远离哲学式和炼金术式元素概念和原理的人。但直到18世纪末，人们才发现了某些暗示"元素"一词定义的东西。到19世纪初，原子理论以更新的形式出现，实验室也引入了新的规则和程序。这开

---

① 在化学界，Wolfram 和 Tungsten 是对钨的不同叫法。

创了一种全新的、能将所有实验联系在一起的整体理论。尽管这一时期被称为科学革命时期，土、火、空气和水四元素不再像之前一样被大肆宣扬，但四元素理论依然存在。不过，在实际生活中，很容易就能发现，新时代已经到来。

当亨尼格·布兰德在1669年发现磷时，人们已经知道了13种元素①，当然那不是当代意义上的元素，但化学史家仍将它们视为一种元素发现。到了18世纪，又新增了20种元素，其中的很多物质此前其实已经以某种形式为人所知，但现在，曾经有关这些物质的神秘和超自然的解释被具体的实验阐释取代，这些实验可以分辨出隐藏在石头、矿物和矿砂中的成分。出于某种原因，这种实验法似乎非常适合瑞典的化学家，尤其是当他们找出镍和钴这两个"小恶灵"②的秘密的时候。

---

① 这个数字会根据询问对象的不同而略有不同，对于某些最古老的物质发现，人们有不同的见解。

② 钴的英文名称"Cobalt"来自德文中的"Kobold"，意为"坏精灵"（源于"狗头人"）。在古代，人们习惯用神话和迷信解释事物，在采矿和冶金领域也不例外。几个世纪前，德国矿工发现了一种看起来像银的矿石，但很难从中提炼出银。矿工认为是"坏精灵"窃取了它们想要的矿石（失去的银色），并用它们不想要的矿石（钴）糊弄人们。钴有毒，矿工、冶炼者经常在工作的时候染病，而且钴还会污染其他金属，这些在旧时都被看作精灵的恶作剧。镍的名字来源于德国矿工传说中同名的恶精灵（镍 Nickel，与英文中的恶魔别称"Old Nick"相近）。这是因为中世纪时，德国人在厄尔斯山脉发现了一种与铜矿石相似的红色矿物，但之后矿工未能从中提取到铜，因此，他们把这种困扰归咎于传说中的恶精灵 Nickel，把这种矿石命名为"铜妖"。而这种矿石其实就是现在的红砷镍矿，是一种镍的砷化物。镍铜矿不能用炼铜的方法炼出铜来，所以被比拟为妖魔。

高山上的精灵与小矮人

挪威作曲家爱德华·格里格（Edvard Grieg）创作了一首钢琴抒情小品《精灵之舞》。我们不确定格里格对化学了解多少，但在德语中，这首短短两分钟的音乐作品被称为《狗头人》[①]。伴着手指在琴键上的嬉戏，该作品很容易让人联想到小精灵、恶魔们在高山之间或森林地面上欢呼雀跃，而某个脸上带着狡黠微笑的小精灵，悄悄偷换和破坏了德国矿山中的银。波希米亚（Böhmen）和萨克森（Sachsen）的矿工已经厌倦了这种误以为自己找到了银矿，最后却一场空的欺骗。事实证明，这种被他们认为是"银"的矿物，不仅不是他们要找的东西，反而会散发出毒气。在他们看来，这一定是狗头人、地精或山妖在四处搞破坏。

1735年，瑞典人乔治·勃兰特（Georg Brandt）发现这种矿物与银毫无关系。当进一步检测时，他发现了一种全新的金属，对人体健康有害的并不是这一金属本身，而是它经常以与有毒元素砷结合的化合物形式出现。出于对矿工的尊重，科学革命似乎暂时被搁在了一边。乔治·勃兰特以传说中对德国山间小山妖、精灵的称呼"Cobalt"命名了这种新金属钴。

早在公元前，含钴的矿物就被用于制作给陶瓷和玻璃染色的

---

① 狗头人是神话中的精灵，并以"坏精灵""地精""妖精"等各种形式传入欧洲，后扎根于日耳曼神话，通过德国民间传说流传至今。传说中的狗头人形象主要有三种：矿井精灵、船上精灵和家屋精灵。

蓝色颜料。莫迪姆（Modum）地区的蓝色颜料厂在1830年到1840年间成为挪威最大的工业公司，拥有近2 000名工人的布斯克吕（Buskerud）矿山提供了全世界80%的蓝色颜料。挪威对钴矿的探险始于1772年。当时，一名失业的矿工误认为自己在莫迪姆附近的森林中发现了银，当孔斯贝格地区的银器专家告诉他这根本不是银时，他十分失望。而哥本哈根当局立刻觉察到，钴蕴藏着巨大的经济潜能[1]，他们宣布将向钴的发现者提供一笔丰厚的奖金，以及每月8国家圆（约合如今的22 000元人民币）的奖励。就这样，莫迪姆地区迅速开始生产钴了。

作为瑞典国家矿业委员会的负责人，乔治·勃兰特不仅发现了钴，还致力于将瑞典化学科学置于新科学的前沿。舍伦山脉另一边[2]的采矿业可以追溯到很久之前，它推动瑞典成为一个经济和政治强国。在16世纪和17世纪，瑞典法伦有欧洲最大的铜矿，而在18世纪，瑞典成为世界钢铁工厂。乔治·勃兰特是一名采矿主的儿子，从小生活在令他引以为豪的采矿文化氛围中。在他的兄弟继承了采矿事业的同时，勃兰特接受了扎实的科学教育，并成为瑞典最重要的化学家之一。

化学家致力于寻找新元素，不仅仅是出于无私的好奇心，经济因素也是重要原因。采矿业与科学的融合成为瑞典化学家不断探索的驱动力。他们持之以恒地分析来自矿山的矿物样本，看看

---

[1] 此时挪威由丹麦统治，丹麦－挪威联合王国存在于1524年至1814年。

[2] 舍伦山脉是瑞典和挪威的分界线，这里的"舍伦山脉另一边"指瑞典。

它们是否蕴含着某种新的、有价值的金属。从炼金术时代到1880年被发现的50多种元素，瑞典人差不多发现了一半，这种优势和成就是压倒性的。

钴被发现几年后，历史便在镍的发现上重演了。德国的矿工依然认为是地下的恶精灵破坏了矿物的成分，依然是瑞典人发现了镍，并澄清了矿工对镍神话性的解释。自古以来，镍和钴就被用于染色，蓝色取于钴，而绿色取于镍，即便人们那时并不了解这两种物质本身究竟是什么。对德国的矿工来说，他们认为自己发现了铜矿，但无法从中提炼出铜，这令他们感到困扰，无奈沮丧之下，他们将这些捣蛋的恶精灵称为"铜妖"（kupfernickel）。"Kupfer"在德语中即为"铜"，而nickel则是一种地下的石妖的变形。正是恶魔Old Nick四处恶作剧，抢走了矿工宝贵的铜。

但阿克塞尔·弗雷德里克·克龙斯泰特（Axel Fredrik Cronstedt）并没有接受这种解释。作为乔治·勃兰特的学生、下属以及新科学方法的拥护者，他开始探究其中的缘由，并发现镍与铜没有任何关系。1751年，克龙斯泰特成为新元素镍的发现者。和他的老师勃兰特一样，出于对矿工的尊重，他以德国矿工对那些淘气恶精灵的称呼命名了镍（Nickel）。

仅仅两年之后，炼金术士有关金属的理论又受到了新一轮的冲击。15世纪，欧洲人约翰内斯·古腾堡（Johannes Gutenberg）发明金属活字印刷术时，铋是一种十分流行的金属。当古登堡在金属合金中掺入铋时，他才对字模的耐用性感到满意。但在铋被发现的矿井里，铋并没有让矿工们兴奋起来，因为他们想找的是银子。按照金属会随着时间的流逝变得越来越贵重的信念，铋的出现意味着要获得"贵金属"还为时过早，但如果这些矿工能多等一会儿，或许他们就能挖到银子了。但在1753年，法国人克劳德·弗朗索瓦·若弗鲁瓦（Claude Francois Geoffroy）证明了铋是另一种金属，它永远不会变成银或其他金属。

尽管"小石妖"钴和镍如今已经列入元素周期表中，但它们依然在制造闹剧和笑话。钴是27号元素，因为钴原子的原子核中有27个质子，而镍是28号，因为它的原子核中有28个质子。在绝大多数情况下，随着原子序数的增加，即质子数的增加，原子量会增加，这是因为带质子的原子核几乎构成了整个原子的重量。但钴和镍是极少数不遵循这种规律的元素，这令19世纪开始寻找元素之间系统性和联系性的化学家感到困惑，他们当时对质子和原子核一无所知，便想当然地将镍排在了比它重一些的钴之前。

一支小型西班牙舰队

这种新科学方法论冲出了瑞典的矿山，乘着风扬帆起航，迅速在18世纪的欧洲传播开来。远航的风帆也将欧洲的征服者送到了世界的其他地方。他们一直孜孜不倦地寻找金、银和其他贵重物质。在开拓新世界的时候，把科学家带在身边自然是十分有益的，西班牙天文学家和海军军官安东尼奥·乌略亚（Antoniode Ulloa）就是其中一位科学家。

1735年，乌略亚随法国科学院考察团队前往位于赤道附近的厄瓜多尔地区，进行地线测量①。此后，他在南美大陆待了将近十年，并在日记中详细记录了旅行的地点和经历。在1744年回欧洲的途中，他的船队被一艘英国海盗船拦截，乌略亚和全体船员被送往了伦敦。

尽管乌略亚被剥夺了文章资料，还差点儿被逮捕，但他很快与当地的科学家成了朋友，甚至成了英国人引以为豪的英国皇家学会会员。此时，离他获释返回西班牙时间已不远了。1748年，乌略亚在西班牙出版了他的日记（两卷）。在日记中，他讲述了对今天的哥伦比亚地区内乔科省的一次访问，他写道："许多矿山因铂而被废弃。"

这些西班牙征服者对铂并不感兴趣，他们渴望的是黄金。当一种几乎无法从中分离出金的白色金属出现时，他们感到非常恼火。对此，乌略亚写道："如果没有无休止的工作和巨大的成本，就无法将其分离。"

乌略亚是伦敦科学界的红人，但在政治上，西班牙和英国当时正在争夺海洋以及海外大陆的统治权。为了达到这个目的，舰队需要大量优质的大炮。正是这次对优质大炮的寻觅，将化学家德卢亚尔带到了瑞典森林中一个偏远小镇的一家药店里。

西班牙海军对自制的大炮质量不太满意。为了揭开位于苏格兰的英国炮厂的秘密，德卢亚尔和他的弟弟被派去执行间谍任务。在去苏格兰的路上，他们听说瑞典的大炮质量更好，便掉头

---

① 也有资料称是进行子午线弧长的测定。

去了瑞典的乌普萨拉。远在西班牙的海军部长对这个新计划感到非常愤怒，他取消了资助，希望德卢亚尔兄弟立即返回西班牙。弟弟听从了命令，但德卢亚尔选择留在化学一流强国瑞典学习。在返回西班牙的途中，他拜访了雪平的药剂师，也就是著名化学家和元素发现者舍勒。

也许，德卢亚尔于1782年在瑞典逗留期间就听说了舍勒关于"重石"①的研究，这种物质当时以"Tungsten"之名为人所知。就算实验室有其他人在，舍勒也并没有隐瞒信息。在此之前，舍勒提到过，这种矿物必然含有一种未知的元素，但当时他还没有完成研究。在经欧洲大陆回西班牙的途中，德卢亚尔得到了一小块钨矿石，便和弟弟一起研究。最后，他自豪又兴奋地发现，矿石中的元素与舍勒在"重石"中看到的元素是同一种元素，他将此元素命名为"Wolfram"，即"钨"。"wolfram"实际上是"狼嘴里的白沫"的意思，但瑞典的评判家们并不认同这个名字，他们认为舍勒的"Tungsten"才是更适合钨的名称②。

这就是如今元素周期表中钨的名称仍然存在争议的根源。在英语和法语中，74号元素被称为"Tungsten"，但在其他大多数语言中（包括瑞典语和挪威语），都用"Wolfram"来表示钨。幸运的是，大家都同意使用字母W来表示钨。不管是哪个名字，舍勒都被视为第一个发现钨的人，而德卢亚尔兄弟作为第一个保存比

---

① 实际指钨，但"Tungsten"在瑞典语中的本意为"重的石头"，文章用"重石"指代钨。
② 这种钨矿后来以舍勒的名字命名为"Scheelitt"。

较纯净的钨元素样本的人，也应该为此感到荣耀。

谦逊的药剂师

当钨被列入舍勒的功劳簿，他也就成了首个发现多种元素的人。锰、钼、氯、钡，尤其是氧的发现，让雪平药店的名气变得越来越大。在生命的最后11年里，舍勒几乎在雪平药店闭门不出，只有不得不去斯德哥尔摩参加药剂师考试时，他才放下药房工作和实验室里的实验，外出几个星期。正是在这次短途旅程中，他去科学院参加了一个声誉极高的研讨会，获得了一笔可观的奖金。一切结束后，舍勒立马又回到雪平，在药店和后院的实验室忙活起来。从记录在册的实验统计来看，舍勒一生做了超过30 000次实验，即使是节假日，他也每天都要进行3次实验。

舍勒

舍勒1742年出生于波美拉尼亚（Pommern）的施特拉尔松德（Stralsund），这是瑞典在波罗的海另一边的几个殖民地之一。这提醒我们，在他成长时期，瑞典不仅仅是化学强国，直到18世纪，瑞典在政治和军事上也是欧洲最强大的国家之一。15岁时，年轻的舍勒便离开家乡到哥德堡学习药学。他白天在药房工作，下班后就在实验室玩耍。这位年轻的药剂师助手之后去了马尔默（Malmö）、斯德哥尔摩，在乌普萨拉，他遇到了志同道合的人。大学期间的学习让舍勒转向了系统研究、发表论文和开创性的元素发现。

尽管舍勒很年轻，但他已经发现了许多元素，这让那些年长的化学家既羡慕又钦佩。在乌普萨拉逗留期间，当别人鼓励他进一步研究化合物二氧化锰时，舍勒开始了对梦想的追逐。后来，这被证明是一项富有成效的研究，通过对二氧化锰的实验分析，舍勒发现了三种新元素——钡、氯、锰，正如几年后钨元素的故事一样，他满意地指着它们说："看这里，我们有三种新元素了。"至于提炼更纯净的元素，这项工作不如交给他人。这也是为什么很多元素会同时拥有两个"发现者"，一个证实了它们的存在，而另一个则将纯元素从化合物中分离出来。舍勒似乎对提炼元素并不感兴趣，不过这也有可能是因为他自制的家庭式实验室缺乏精密设备。

在发现锰的过程中，舍勒得到了一位在法伦矿区工作的朋友的帮助，接触到了矿区的"地狱熔炉"。矿区的熔炉温度远高于舍勒实验室熔炉的温度，因此可以去掉二氧化锰中除锰以外的物质。关于锰的命名，舍勒也颇为纠结，最终他选择了"Mangan"（英文"Manganese"）。就在几十年前（1755年），苏格兰科学家约瑟夫·布莱克（Joseph Black）发现了镁（Magnesium）。两者都以希腊地名马格尼西亚（Magnesia）命名，因为它们都是在来自那里的矿物中被发现的。

但对于钡和氯，舍勒那个时代的设备都无法做到分离出纯元素，过了三十多年，人们才将钡和氯的纯元素提取出来。

仅仅在钡、氯、锰被发现四年后，1774年，舍勒因为对钼（Molybdenum）的研究再次成为焦点。该名称来自希腊语中的"铅"（Molybdos），用于统称可用来书写和绘画的东西。舍勒做了大量实验，却一点铅的踪迹也没有发现，便再次宣布自己正在发现一种未知元素。这一次又是其他人分离出了新元素钼，这次的纯钼提取是在瑞典国家矿业委员会的帮助下进行的。委员会提供了一个温度极高的熔炉。从舍勒写给国家矿业委员会的信中可以看出，当时发现新元素是享有盛誉的，而舍勒也不再仅仅关注实验室里的玩乐。舍勒写道："我已经预见到了法国人将会试图否认这种新半金属的存在，因为他们不是该物质的发现者。"

尽管人们对舍勒的成就感到钦佩，但舍勒本人不太喜欢整理工作成果，且经常怠于发表论文。即使如此，他仍然获得了钼元素发现者的证书。或许有那么一种可能，舍勒和他的瑞典同事希望论文在发表的时候尽善尽美。氧气的发现后来彻底改变了整个化学领域，而舍勒一直处于边缘地位，尽管后人已经表明他极有可能是氧元素的第一发现者，但他花了六年时间才发表关于氧气发现的论文，而其他人已在探索空气的化学秘密的竞赛中占据了主导地位。

1775年夏天，年轻的舍勒搬到了雪平，开始经营自己的药店。即使是教授的职位，也不足以吸引他离开雪平。1786年，舍勒在雪平去世，年仅43岁。许多人都认为他的早逝与长期的实验有关，据说舍勒在实验过程中闻了不少气体，也尝了许多物质。但这一传言在1930年被一位瑞典医生否定了，他认为，夺走舍勒生命的是一种严重的风湿病。

06

"空中"革命

　　知名学者经常会去国外拜访科学界翘楚。当然，他们也会闲聊，说一些家长里短。尽管科研者非常开明和开放，但不代表他们毫无保留，尤其是那些他们还不太确定的东西——一个他们将自行解决并因而获得荣誉的关键问题。

　　1774年，在化学家拉瓦锡巴黎家中的晚宴上，人们目睹了那场具有历史意义的"化学明星"的相遇。两位当时最伟大的化学家在客气的闲聊中互相较劲。他们遮遮掩掩地说着话，直到嘉宾约瑟夫·普里斯特利（Joseph Priestley）热情洋溢地说出了一个秘密——事后他追悔莫及。

　　对于当晚的具体情况，我们知之甚少，但它一定精彩纷呈。

普里斯特利，这个颇受欢迎的牧师兼化学家，用带着口音的法语解释了他在英国家中对空气做的具有突破性与创造性的实验。听完之后，法国科学家为之惊叹，他们不断交头接耳。普里斯特利对面坐着主持人拉瓦锡，他富有，衣着考究，在巴黎科学界如日中天。在察觉到化学科学的根基在动摇后，他与妻子玛丽商议着普里斯特利的发言，避免因语言而引起误解。普里斯特利的发言让他找到了解开令他彻夜不眠的问题的方法。终于，他准备揭开关于空气的秘密，并彻底改变化学领域。

氧气约占地球大气的五分之一。地壳本身含有45%的氧元素，海洋的氧元素含量高达86%，氧元素大约占据人体体重的三分之二。当一个科学家对某种元素知之甚少时，便很容易在研究上误入歧途。在那场著名的巴黎晚宴后，氧气的神秘面纱就此被揭开。在接下来的几年里，原本理智冷静的科学家针对谁是氧气的第一个发现者，以及这种气体究竟有何用处进行了一场并不光彩的斗争。与此同时，英、法两国也被卷入这些化学界的"战争"中，并处于对立位置。

"燃素说"：迷茫之旅

从许多方面来说，空气是四元素理论中最让人没有疑问的。它是如此自然，以至于与它有关的一切都理所当然；它又是如此无形，空气就是空气，似乎并没有什么可多说的。很少有人认为空气应该由更基础的、可以与其他物质发生反应的物质组成。

在17世纪，罗伯特·波义耳是第一个对空气进行近距离观察的人之一。他喜欢测试和尝试新设备，使用气泵来做实验，观察真空状况下的变化。波义耳发现，当吸出空气时，蜡烛和燃烧的木炭块慢慢熄灭，老鼠变得越来越紧张，最终慢慢死去。看起来，与空气有关的某种东西会影响燃烧能力和呼吸能力。今天，我们将这一过程视为一种有氧气参与的化学反应，但在18世纪，另一种理论占据了统领地位。

1703年，德国人格奥尔格·恩斯特·施塔尔（Georg Ernst Stahl）将一种已有的、关于物质燃烧的化学理论命名为"燃素说"。"燃素"一词源于希腊语中的"燃烧"——正是燃素使物体燃烧。一种物质如果具有大量燃素，那么就更容易被点燃。物质在燃烧时会释放燃素，直至燃尽，火才熄灭。施塔尔认为，燃素本身并不是一种独立的物质，而是物质在不同程度上具备或不具备的一种属性。"燃素说"同样解释了金属生锈的原因。施塔尔认为，生锈是一种缓慢燃烧的形式。这个化学理论简单合理，可以解释许多不同的现象，因此该理论根深蒂固，让人难以反驳[①]。

英国人对空气的探索是最具有创造性的。18世纪中叶，一位苏格兰物理学家发现二氧化碳与普通的空气不同。后来，英格兰科研者发现了氢和氮，但不知道它们是空气的基本组成部分，而

---

① 1781年，哲学家伊曼纽尔·康德写道，施塔尔的燃素理论"成为所有自然科学家的明灯"。当他写下这篇文章时，"燃素说"仍然在欧洲大部分地区盛行。

是将其视为具有不同特性的空气变体，或多或少拥有燃素。空气会与其他物质发生化学反应，这在当时是一个未知的理论，超出了当时化学家的认知。

氢气被称为"易燃气体"，而且发现者确信这是他发现的纯燃素，而"燃后的空气"就是人们所说的氮气。正是燃素理论为这些气体赋予了名字——可燃的氢气充满了燃素，而燃烧过后生成的氮气则失去了燃素。但仅仅几年后，一种新的关于可供生命呼吸的空气的理论像风一样吹来。有些人其实更早之前就在探索这种气体了，但牧师、布道者和科学家约瑟夫·普里斯特利用"脱燃素空气"一词，将氧气确定为一种单独的物质，意思是"没有燃素的气体"。

危险的布道者和实验室里的大师

约瑟夫·普里斯特利出生于英格兰约克夏（Yorkshire）。母亲早逝后，年幼的约瑟夫与富裕但无子嗣的姑妈同住。姑妈很快就注意到了外甥的学习天赋，并让他接受了教育，一心想要将他培养成牧师。据约瑟夫的兄弟说，约瑟夫在15岁患上危及生命的肺结核时，第一次表现出对科学的好奇心。据说，他将蜘蛛放在了瓶子里，想要看它们在没有新鲜空气的情况下能活多久，这与他成年后对老鼠所做的实验并无太大区别。

在普里斯特利的一生中，他一直从事牧师和化学研究的工作。作为科学家，他因发现氧气和其他气体而备受称赞，还发明了具有"碳酸软饮料之母"之称的苏打水；作为布道者，他讽刺国王和圣公会，被英国国教徒们抨击为"异教徒"。当时，他的处境相当艰难。

在实验室中，最令普里斯特利着迷的就是神秘的空气。他不仅在实验室中，也在实验室外对其进行实验。当一家人搬进一所靠近啤酒厂的新房子后，普里斯特利对啤酒产生的气味和气体充满了好奇。他被允许在充满蒸汽的啤酒桶上做一些实验。但不幸的是，有一天他不小心将一杯乙醚掉进一大桶啤酒中，以至于污染了整桶啤酒，之后他便被禁止进入啤酒厂，只能留在实验室里做实验。在普里斯特利进入化学竞技场之前，化学领域盛行的观念是存在三种不同的空气，即易燃空气、固定空气和普通空气。前两者是氢气和二氧化碳，但二氧化碳不是一种元素，而是由碳和氧组成。基于"燃素说"，普里斯特利命名了他在1774年8月1日发现的气体。他用凸透镜加热了一种红色粉末——三仙丹（氧化汞）。在玻璃管中，纯汞沉到了底部，普里斯特利通过排水集气法收集了这些上升的"空气"。由于氧化汞由汞和氧组成，所以他收集到的是氧气。

他认为，这种新的"脱燃素空气"介于燃素饱和的氢气和燃素匮乏的氮气之间，"脱燃素空气"并不像二氧化碳那样溶于水。普里斯特利拿来一根点燃的蜡烛，试验这种空气能否让蜡烛熄灭。然而，蜡烛并未熄灭，反而以"强烈的火焰"燃烧。就在那时，他意识到这是某种新的物质，也许正是空气中含有的、对于动物和人类呼吸来说非常好的东西。

之后，普里斯特利又进行了新的实验。他发现，蜡烛在这种

"好空气"中的燃烧时间出奇地久，这让普里斯特利感到些许不安，难道还有比上帝创造的供我们呼吸的空气更好的气体吗？但这种担忧并没有阻止普里斯特利继续实验。他的下一步计划是在老鼠身上做实验。当捕鼠器捕捉了相当数量的实验对象后，他将其中两只老鼠分别放入不同的密封罩。10分钟后，一只老鼠明显变得紧张，5分钟后，它失去了知觉。这只老鼠所处的密封罩中只有普通空气。普里斯特利随后将目光转向另一只老鼠，它正呼吸着这种特制的"脱燃素空气"，如同之前一样活泼，还以好奇的目光透过玻璃看着他。又过了15分钟，这只老鼠才表现出虚弱的迹象。

第二天早上，这只老鼠又坚持了30分钟。好奇的科学家忍不住想亲自试一试。事后，普里斯特利认为："肺部的感觉与我呼吸正常空气时并没有明显不同，但我的胸部在之后很长一段时间内明显感觉特别轻松。这些实验结果与打破传统壁垒的渴望相一致，这就是化学的未来。"遗憾的是，他仍未能打破"燃素说"理论的壁垒，对"燃素说"的坚守让他并未真正意识到自己吸入的究竟是什么。

在实验之外，41岁的普里斯特利踏上了欧洲大陆之旅——这对于英国人来说是很重要的一种教育。这次旅行对化学科学史至关重要。在巴黎，普里斯特利遇见了比他年轻10岁的法国化学明星安托万·拉瓦锡。普里斯特利没能完全理解的这种新气体证实了拉瓦锡的质疑，整个化学领域需要一场彻底的革新。拉瓦锡不知道在实验室里提取氧气的具体步骤，在这场巴黎晚宴上，普里斯特利想必对这个法国人透露了破解谜题的方法。

在一本关于科学革命的书中，美国科学史家托马斯·库恩（Thomas Kuhn）提到了给他带来启发的四位科学家，其中有三位很多人并不陌生：尼古拉·哥白尼、艾萨克·牛顿和阿尔伯特·爱因斯坦，而第四位是安托万·拉瓦锡，这个被称作"现代化学之父"的人颠覆了化学学科。

库恩范式的一个重要特征是，当旧有范式出现危机，无法对反常规现象做出解释时，就会导致科学革命，从而产生新的研究范式。对化学来说，燃素理论便是这样的危机。它刚出现时，解决了许多疑问，但也阻碍了普里斯特利以及其他人了解火焰和试管中真正发生的反应。正如库恩所写，设备、工具和实验变得越来越先进、精确和详尽，以至于燃素理论逐渐无法解释实验现象。例如，很难用"燃素说"解释为什么有些金属在燃烧后变得更重了。根据燃素理论，燃烧会释放出燃素，因此有些人认为燃素实际上是负重的，但这样的解释只会引发新的问题。这并不能说服拉瓦锡，他很早就意识到需要更强劲的"清洁剂"来彻底清理和创新化学科学。

1743年，安托万·拉瓦锡出生在巴黎一个富裕的家庭，母亲在他幼年时离世，给他留下了一笔财富。他虽然早年学习法律，但对科学充满了热情，也擅长于此。25岁时，他在法国科学院已经极具声望。大致在同一时期，拉瓦锡进入了代表国王征税的税务机关，这是一个非常有利可图的职业，最终他成为法国最富有的人之一。这两个职位都让他后来树敌不少。拉瓦锡使用强硬手段让自己进入了上流科学阶层。在当时，税吏被大部分法国人憎恨。于是，国内的不满与骚动开始接近高潮。

安托万·拉瓦锡

1774年，在与普里斯特利共进晚餐时，拉瓦锡终于明白了如何使用红色粉末生成新气体。这位年轻的法国人虽然钦佩这位比自己大10岁的英国人在实验室中的独创性，但也居高临下地谈论普里斯特利无法将研究理论化。

长期以来，拉瓦锡一直坚信燃素理论存在根本性的错误，他讽刺地说："它解释了一切，又什么也解释不了。"他认为，空气中存在与金属发生反应的物质，这至少可以解释为什么一些金属在燃烧时会增加重量。早在两年前，拉瓦锡就已经将这一点写在一张便条上，并将其密封存放在科学院秘书那里，直到他收集到重要的证据。这样做是为了有证据表明他是第一个具有相关想法的人，以防他人先于自己探究出空气的奥秘。

与普里斯特利会面后，拉瓦锡与妻子玛丽一起在实验室进行实验。玛丽既是他最重要的助手，又是至关重要的翻译。正如他们考究的穿着一样，这对夫妇拥有也许是当时世界上最好的化学实验室，就在他们豪华的私人住宅隔壁。他们可以使用所需的一切测量设备——最精确的秤、装有数千个瓶子的储藏室，以及装有所有能想象到的化学物质的玻璃容器。日复一日，拉瓦锡和他的助手们孜孜不倦地进行实验，玛丽则坐在隔壁的一张桌子旁记录下一切。

1776年4月，在实验室里进行了一场为期12天的实验后，他们取得了重大突破。实验结果证明，空气不是亚里士多德宣称的基本元素。有四分之一的空气，拉瓦锡将之称为"纯净气体"，其余的是有毒气体，这与如今的空气构成数据（空气由21%的氧气和78%的氮气以及一小部分其他气体组成）基本吻合。拉瓦锡引入了"氧气"这个名字，在挪威语里意为"酸化剂"，这让人想起了旧时挪威语中的单词"surstoff"，也就是"氧"，使某物酸化的物质。

顿时，化学界天翻地覆。空气不是一个基本单位，它由更小的物质组成。正是氧气使蜡烛的火焰保持了活力，并推动了人类和动物身体内的新陈代谢。很快，科学家就能用氧气和氢气这两种气体制造出水了。氧气以一种连拉瓦锡都无法预见的方式，改变了游戏的规则。

我们很容易想象，氧气是吸入人体以维持生命的气体。人们将氧气吸入肺部，在那里，它与血液中的含铁血红蛋白结合，并输送到身体各部位，以维持生命。这个原子序数为8的元素，是人们生存的先决条件。除了存在于人与动物呼吸的空气中，氧气还能够与其他大多数元素结合，形成氧化物，一半以上的地壳就是由这样的氧化物组成的。随着时间的推移，其他元素与空气中或水中的氧原子发生反应，并与之结合。这样来看，铁锈并不是铁释放出的某些东西，而是铁与空气中的氧气结合，形成了氧化铁。

多线化学论战

化学科学的这种逆转，并非一夜之间发生的，氧气的惊人特性也并非第一次为人所知。没有斗争便不会发生剧变，科学领域也是如此。在托马斯·库恩对科学革命的描述中，对新事物的反对既是不可避免的，又是完全合理的。

拉瓦锡的第一场战役发生在巴黎。大多数科学家都不愿意放弃燃素理论，他们强烈反对这个自信的、初出茅庐之人的理论。此时，拉瓦锡不得不为他登上巅峰时所用的一些强硬手段付出代价。他还在著作中冒犯了一些重要人物。他好几次因"擅自使用"别人的研究成果而被抓现行，这种行为在科学界是一个致命的错误。

就在普里斯特利访问巴黎的那年秋天，舍勒寄了一封信到巴黎，其中写有氧气的配方。拉瓦锡从未提过此信，但一百年后，它出现在了玛丽幸存的文稿中。有些人怀疑，是否是玛丽为了不打扰拉瓦锡的研究，将信藏了起来，但众所周知，拉瓦锡喜欢"使用"别人的研究成果，在这方面，他的信用非常糟糕。另一些人怀疑，拉瓦锡更有可能只是假装什么都不知道。此时，这个法国人仍抱着自己是发现氧气第一人的希望。几年后，舍勒最终发表了关于他的氧气实验的文章，但他本人并没有对氧元素第一发现者的荣誉提出任何要求[①]。在随后对氧气是由谁第一个发现的讨论中，有几位瑞典化学家提名他们的同胞（舍勒）。

---

① 如今，科学界通常认为舍勒和普里斯特利各自独立地发现了氧气。

拉瓦锡完全不在乎从遥远的北边吹来的冷风，但在英吉利海峡的另一边，声音却更强硬一些。对于法国在美国独立战争中向叛军提供武器，英国人表现得非常愤怒，他们高举燃素理论的旗帜，对来自巴黎的这个愚蠢理论进行了一连串的攻击，站在队伍最前列的便是普里斯特利。他觉得自己在巴黎晚宴上的口误被利用了；在他看来，他没有得到应得的荣誉。

在这场论战中，拉瓦锡和他的同伴们投出反抗的火药[①]。对燃素理论的攻击只是第一步，他们认为已经到了彻底改变化学术语的时候了，是时候摆脱譬如"锑黄油""铅糖"和"锌花"之类的名称了，更不用说"易挥发的硫黄""戈斯拉尔的硫酸""蟹岛盐"和"英式盐"了。拉瓦锡认为，物质的命名应该说明它的构成元素以及表现形式。

拉瓦锡推动改革的名称系统至今仍在使用。例如，以"–硫酸盐""–磷酸盐""–氧化物"和"–碳酸盐"等作为词尾，表示某些物质分别与硫、磷、氧和碳发生了反应。"易挥发的硫黄"因此变成了"二氧化硫"，"戈斯拉尔的硫酸"变成了"硫酸锌"，"蟹岛盐"变成了"乙酸钙"，"英式盐"变成了"碳酸铵"。在拉瓦锡看来，物质的名称应该表示某种化学联系，而不仅仅是随机合成的名字。在英国，新术语被视为法国的阴谋而被拒绝使用，而拉瓦锡被指控为独裁者。

在法国，1785年之后，局势开始利于拉瓦锡。当他在1789年出

---

① 顺便提一下，普里斯特利和拉瓦锡都为自己祖国的火药生产做出了贡献。

版教科书《化学基础论》（*Elementary Treatiseon Chemistry*）时，法国国内的反对派像纸牌屋似的崩塌了。因而在1791年，拉瓦锡才能够说："所有年轻的化学家都在使用这个命名理论，我由此得出结论，化学科学的革命已完成。"

为了纪念革命的胜利，拉瓦锡夫妇在为巴黎精英举办的晚会上，安排了一场针对燃素理论的虚构审判作为娱乐节目。在表演中，一个戴着格奥尔格·施塔尔面具的老人，不得不回应来自年轻同事所扮演的"氧气先生"的指责。在判处老人死刑的法官中，有拉瓦锡本人；而身穿白衣的玛丽将施塔尔的燃素理论著作扔进火坑中，象征着完成了对其死刑的判决。

来自宿敌的困扰

《化学基础论》出版几个月后，政治革命就爆发了。这对法国夫妇在家中见证了法国人民猛攻巴士底狱。在最初的几年里，这位受人尊重的科学家和金融家被邀请参与新政府的建设，但当革命在1792年进入最激烈的阶段时，一切都发生了变化。

在所谓的"恐怖统治时期"，让-保尔·马拉（Jean-Paul Marat），一个充满科学野心的人，也是拉瓦锡的宿敌，成为当时的掌权者之一。马拉将自己未入选法国科学院归咎于拉瓦锡，并指责拉瓦锡从未认真对待过自己的研究。而拉瓦锡很可能在走向科学巅峰的道路上发表了对马拉的轻蔑评论，阻碍了马拉的前进。现在，马拉报复的时刻到了。

对马拉在科学领域的轻蔑与侮辱，本身并不足以判处拉瓦锡死刑，即使是在恐怖时期的巴黎也不行。反而是为人民所憎恨的税吏角色，更容易使拉瓦锡成为公敌。拉瓦锡和其他几个以税吏身份赚取了大笔财富的人一起被捕了。尽管马拉在1793年被暗杀，但拉瓦锡并没有逃脱指控。所有希望饶恕他的声音都被法官以"共和国不需要科学家"为由压制了。最后，以人民和革命的名义，拉瓦锡于1794年5月8日被送上了断头台。

或许是因为本身处境欠佳，在得知拉瓦锡被处决的消息时，约瑟夫·普里斯特利并没有表现出太多的同情。在与拉瓦锡的斗争中，他变得越来越孤单，但直至1804年去世，普里斯特利仍然认为燃素理论无比卓越。

对他来说，更具摧毁性的是他的神学和政治观点，他对法国大革命背后的思想表现出同情，这在保守的英国是闻所未闻的。在伯明翰（Birmingham）的布道中，他公然发表了反对英国圣公会的讲话。在这种情况下，即使是普里斯特利最好的科研朋友，也不想再与他一起出现在公众场合。

1791年，在巴士底狱被攻占两周年之际，一群暴徒烧毁了普里斯特利在伯明翰的家与实验室，他也险些丧命。躲藏了三年后，普里斯特利移居美国，并在宾夕法尼亚州度过了他生命中最后的几年。在大西洋的另一边，化学革命轰轰烈烈，而普里斯特利却只能旁观。

第一张元素列表

安托万·拉瓦锡并没有发现任何新元素，尽管他试图争取发现氧气的殊荣。但他可能是第一个了解元素到底是什么以及它们是如何相互反应的人。他对元素的定义对于那些化学从业人员而言很容易理解，也易于关联——元素是用现有的方法无法继续分解为更为简单的物质的任何物质。这样的定义保留了未来新实验和新技术可以将它们进一步划分的开放性。此外，拉瓦锡并不排除世界上存在着更多未知元素的可能性。

有了对元素的这个定义，地、火、空气和水的四元素理论就被永远埋葬了。当第一次列出元素表时，拉瓦锡可能纳入了所有的金属。当然，这仍然不是现代意义上的元素周期表，而是对33种已知元素的概述，它们被分成了四组，有一些被赋予了新名字。其中，有23种元素是如今元素周期表中的一部分，气体类有氧、氢和氮（拉瓦锡首次将其称为"azote"[①]）；金属类有锑、银、砷、铋、钴、铜、锡、铁、锰、汞、钼、镍、金、铂、铅、钨和锌；非金属类有硫、磷和碳。

尽管发生了化学革命，但在被送上断头台时，拉瓦锡也并非解决了所有的困惑。例如，光和热都在他的元素表中，尤其是后者让他头痛不已，并因此遭受了不少竞争对手的攻击。他们认

[①] 由于氮无法用于呼吸，拉瓦锡将其命名为"azote"。该词源于希腊语，意为"没有生命的"。这个名称被其他多数语言使用，例如法语、俄语等。同时，它还出现在与氮相关的化合物的英文名称中。

为，这与拉瓦锡急于摆脱的燃素理论非常相似。随着新一代化学家对新元素以及它们之间关联的继续探索，光和热最先被剔除出元素表。

　　最近，许多人质疑拉瓦锡对18世纪末的化学革命的重要性。他是真的发现了一些新事物，还是只是正巧遇上了对的时间，才获得了那些殊荣？因为总会有人在某个时间发现那些事物，只不过他们可能需要更久的时间。但托马斯·库恩毫不怀疑拉瓦锡的重要性，而"元素周期表之父"门捷列夫也在他的化学教科书的开篇向这位法国人致敬。尽管前往元素周期表的路依旧漫漫，但拉瓦锡对当时已知元素的概述，对后来研究化学的科学家有着特殊的意义。

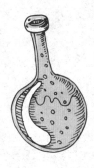

07

命名的考量

在地下室的一个柜子中，我仍然收藏着两盒1980年左右收集的足球球星卡。我依然记得在盒子间翻阅卡片的那种喜悦。我将它们按照球员所属球队、位置或比赛场数进行分类。而在所有分类方法中，我最爱的还是按年分类，这样我就可以知道哪些年份的卡片我已收集完整，哪些年份还有卡片需要补齐。我收集事物的天赋还不错，这在后来的黑胶唱片、CD光碟、书籍以及比利时啤酒的收藏中也有所体现。收集这些事物的问题在于，它们没有严格的限制，也没有止境。

不过，这对于那些收集元素的人来说则有所不同。如果我们忽略对易挥发性元素的考虑，特别是大于93号、只能在实验室里生成的元素，并且保持对强放射性元素的警惕，那么完整收集剩下的元素并非难事。其实，你不用逐个收集元素，你可以直接购买一套完整的元素。只要花费几千克朗，你就可以拥有一个完整版的元素小样，它们被有序装入与各自匹配的容器中，放在一套为其专门设计的手提箱里。只要花几十万克朗，你就可以拥有特制的、一整面墙的元素艺术装置。这都是为那些急于收藏整套元素的人准备的。他们错失了耐心收集元素过程中所感受到的元素的魅力，那种可以与每个元素样本建立个人情感的魅力。例如，你是从哪里得到它的？第一次把它拿在手里是什么样的感觉？它又是如何与你已经收藏的那些元素相关联的？

矿物收集又是另一回事。矿物有很多种类。此外，因为不同的颜色和晶体结构，它们通常更美观。挪威业余地质学家协会有近千名成员，整个国家的矿物收藏家数量可能是其十倍，而纯元素收藏家的数量可能不到一百人[1]。

岩石、矿物和元素

在开始收集元素之前，为了方便大家理解并了解化学元素是如何被发现的，我先澄清一下某些概念。很多元素是在矿物中被发现的，但外行人很容易将它们称作石头，这恰恰是矿物收集

---

[1] 这里所有的数据都是挪威业余地质学家协会（NAGS）负责人延·斯登诺克（Jan Stenløkk）的估计。

界的禁忌。以挪威常见的花岗岩为例，任何手里握着一块花岗岩或爬上一座花岗岩山峰的人，都不会对花岗岩是石头有异议。但花岗岩本身并不是一种矿物，它是一种由多种不同矿物组成的岩石，而这些矿物是由不同的元素结合而成的。

目前，世界上已记录在册的矿物有近五千种，每一种都有其独特的元素组合形式。分辨不同的矿物时，不仅要看它们由哪些元素组成，还要看每种元素的含量比例以及晶状结构和形态。某些矿物仅由一种元素构成，例如矿物列表上的金和银，钻石和石墨也是如此（它们都完全由碳元素组成）。但绝大多数矿物都是几种元素的混合物。例如以挪威工程师奥劳斯·索特维特（Olaus Thortveit）之名命名的钪钇石（thortveititt），是他在位于东阿格德尔郡（Aust-Agder）的家乡伊韦兰（Iveland）镇发现的。该矿物由2个钪原子或者2个钇原子、2个硅原子和7个氧原子组成。再比如2010年被发现、相对更复杂一些的hansesmarkite矿石，该矿石含有2个钙原子、2个锰原子、6个铌原子和19个氧原子，以钍矿石的发现者汉斯·艾斯马克的名字命名。

在研究一种矿物时，研究人员首先要评估一些肉眼可见的特性，如颜色、结构和出现在周围的其他矿物。他们将矿物拿在手里，感它的硬度，看能否用指甲在上面划下痕迹。这是今天的矿物学家的工作方式，也是18、19世纪那些矿物学家的工作方式。但这个步骤之后，他们的做法便大不相同了。

当今天的研究人员遇到一种可能尚未被发现的矿物时，他们只要将其放入一个特殊的机器，并按下"开始"键即可。一段时间后（可能需要几个小时），他们就能知道样本中包含了哪些元素以及它们之间的结构联系。严格来说，他们并不需要太多的化学知识。但过去的那些研究人员必须具备广博的化学知识，在一些最初的、基于感官的观察之后，就是无数尝试揭示矿物的隐藏成分、看其是否可能携带某种未知元素的实验。这些矿物要接受一连串的实验测试。例如，他们要研究粉末状矿物加热时的反应，观察它们是否溶于酸，以及它们所表现出来的特性是否类似于已知的矿物和元素。这需要巨大的耐心、准确的排除法，可以帮助研究人员更好地了解矿物及其微量成分。在化学研究上潦草粗心并不会让他们获益，即便是最轻微的错误，也可能会让最优秀的科学家陷入窘迫。很多人大肆宣称自己发现了新元素，但结果往往证明那只是一些已知元素；而更多的人会对一些导致他们错失重大发现的错误和粗心感到懊悔愤懑。

我把舍勒称为第一位元素收集者，并不是说他在瑞典雪平的实验室里有多少元素，而是指他极度想要发现新元素，并以此为使命。在安托万·拉瓦锡的理论动摇了当时化学科学的根基后，元素收集者的道路就被拓宽了。新元素的数量自此快速增加，因为只要证明一种物质是新的、未知的，或者不可能被继续分割成更小的成分就够了。

德国人马丁·海因里希·克拉普罗特（Martin Heinrich Klaproth）称得上是真正的元素收集者，他只发现了两种元素，但凭借在化学领域的权威，他命名了另外三种元素。Klaprothium也差点因为克拉普罗特而被永远纳入元素周期表中。

克拉普罗特在今天德国中部维尼格罗德（Wernigerode）一个贫穷的裁缝家庭长大，16岁便开始在药店当学徒。和更早的瑞典化学家舍勒一样，他也到处游历。1770年，他来到柏林，在接下来的几十年里，克拉普罗特成为欧洲最重要的化学家之一。他是最早在法国以外使用拉瓦锡新化学方法的人之一。1810年，柏林大学成立，克拉普罗特被聘为化学教授。

克拉普罗特对元素发现的第一个贡献是锆（一种银灰色的金属）。纯净状态下的锆并无特殊之处，当它与氧气发生反应时，只有那些训练有素的人才能将其与钻石区分开来。这些"假钻石"并非天然形成，所以克拉普罗特并不是从这些"假钻石"中，而是从含锆的矿物——锆石中发现锆的。这种矿物可以形成颜色各异的宝石，例如橙红色的风信子石（hyasinten）。据说，克拉普罗特曾考虑以"hyasinten"为灵感给这种元素命名，但最终选择了有些乏味且已知的"锆石"（zirkon）给元素命名。这并没有让锆元素（Zirkonium）失去光彩，因为"zirkon"一词源于波斯语中的"金色"。

1789年，法国大革命爆发，克拉普罗特发现了铀（Uran）元素。说是"发现"有些牵强，因为后来他发现的铀被证明纯度不够。过了50年，才有人从一种坚硬的白色金属中提炼出了纯铀。铀是地球自然界中存在的原子序数最大的元素。现代人担心铀的毒性和放射性，而铀也因为1945年8月日本广岛上空爆炸的原子弹而被永远载入史册。这颗代号"小男孩"的原子弹含有64千克铀，虽然只有其中1千克爆炸（也被称为原子弹的裂变），但夺走了20万日本民众的性命，并造成了10万人受伤[1]。

---

[1] 数据来源于《挪威大百科全书》，其他资料统计的数字略低。

在给发现的新元素命名时，克拉普罗特并不知道后来的历史。他选择了纪念八年前被发现的、以希腊神话人物乌拉诺斯命名的第七行星天王星（Uranus）。乌拉诺斯被认为是天空的象征，克拉普罗特曾强调，铀（Uran）的命名灵感来自天王星，而非神话人物乌拉诺斯。

一些人声称，克拉普罗特曾考虑将这种元素命名为"Klaprothium"，但这种以自己名字命名的自恋在史料中并未提及。据说，后来一位德国化学家为了纪念克拉普罗特，提出将铀的名字改为"Klaprothium"，但并未成功。后来，克拉普罗特的德国同胞想用"Klaprothium"命名镉元素，也没有实现。这两个关于更改名字的提议都被化学界否定了。这种以科研者的名字命名新元素的现象还要很久才会出现。当克拉普罗特提议将钨（Wolfram）改名为"Scheelium"，以纪念瑞典化学家舍勒时，这一提议同样被拒绝了。

命名的考究与标准

随着克拉普罗特对锆、铀的发现，人们进入了一个几乎每年都有新元素被发现的"三十年时期"。这种增长率带来的新问题或者新挑战是显而易见的。比如，这些新物质应该叫什么？命名的标准由谁来决定？经过两百年激烈的拉锯战后，如今元素命名的规则变得十分严格。首先，必须由IUPAC（国际纯粹与应用化学联合会）认定它是一种新元素，之后发现者会被邀请去提议名称，在最终将统一规范的名称正式纳入元素周期表之前，名字提案会进行为期六个月的公开征询。

IUPAC是一个较新的组织，只有一百年的历史。18、19世纪的研究者不得不面对为每一种新元素命名的挑战。那些古老的史前元素还好，因为这些元素的名字已经存在了很久，金就是金，不管它是否被定义为一种元素。对那些在矿物中被发现的元素，将它们根据矿物的名字来命名也没有争议，例如锆。18世纪出现了"地下恶魔"和"超地表行星"（指镍、钴和铀）。氢气、氧气和氮气以其性质被命名。很快，就需要用别的灵感来命名新的元素了。以前，公布新元素的发现以及声明谁是第一个发现者是很有必要的。发现者会提议一个名称，但那时并没有一个在新元素的命名上具有决定权的国际组织。于是，由化学界的权威来命名新元素这种不成文的规定，虽然是权宜之计，却令人信服——也许会引起某些人的恼怒。

克拉普罗特就是这样的权威，他并不介意使用这种在化学界的权力和影响力。当他的一位法国同事想根据一种元素的味道来命名该元素时，受到了克拉普罗特的反对。也许克拉普罗特对此有些嫉妒，因为他不是那个发现隐藏在绿柱石和祖母绿中的未知元素的人。绿柱石和祖母绿是被视为"新耶路撒冷"圣城基石的两种宝石。克拉普罗特无疑也做了类似的尝试，但显然没有路易·尼克拉·沃克兰（Louis Nicolas Vauquelin）做得那么彻底。

沃克兰是18、19世纪之交法国化学界的中流砥柱，如同克拉普罗特在德国一样。童年时代，这个曾在诺曼底辛勤劳作的农夫的孩子完全想不到自己有一天会成为著名的化学家。和很多人一样，药学专业将他引入了伟大的科学家行列。在担任学徒和助理期间，他来到巴黎，并加入了拉瓦锡的队伍，反对燃素理论。与老师拉瓦锡不同的是，沃克兰在革命中幸存下来。他救下一名国王的卫兵后，被驱逐出城，开始攀登化学科学高峰。

沃克兰听说绿柱石和祖母绿的晶体结构非常相似，由此发现了之前自己和克拉普罗特都忽略掉的某种联系。他将一块产自秘鲁的祖母绿磨成粉末，并在随后的一系列实验中发现了一种全新的物质。当一种相同的物质出现在法国当地的绿柱石中时，沃克兰立马尝出它们是同一物质，并将这种新元素命名为"Glucinium"，即"铍"（希腊语中的"甜"）。然而，克拉普罗特并不赞同这个名字，因为其他几种物质尝起来也有甜味，而且化学界没有根据元素味道来命名的传统。因此，他根据矿物beryll，提议该元素的名字应为"Beryllium"。这一提议得到了大多数人的认同。事实上，法国直到1959年才停止使用"Glucinium"。

实际上，铍是毒性最强的元素之一（此时要提醒沃克兰显然为时已晚）。这种钢灰色的金属属于稀有元素。它轻而坚硬，非常适用于制造卫星、火箭和宇宙飞船的船舱。铍最漂亮且无毒的状态出现在宝石中。矿物绿柱石存在于许多不同的珠宝中，这些珠宝五颜六色，其颜色取决于柱状晶体中存在的其他物质。

如今，绿色的祖母绿被视为绿柱石的一种变体，而呈现的绿色归因于铬（Krom）。沃克兰是在一块产自西伯利亚的橙红色铬铅矿样本中发现铬的。他进行了一系列实验操作后，最终留下了闪亮的、灰色针状交织的金属铬。"铬"（Krom）这个名字来源于希腊语中的"chroma"，意为"颜色"，它不仅使铬铅矿呈橙红色，还使祖母绿呈绿色，并赋予了红宝石红色[①]。

将荣誉归于真正的荣誉者

对于克拉普罗特利用自己的权威将铈改名的行为，法国人并不欣赏，不过克拉普罗特也不至于被指责夺走了他人的荣誉。尽管他参与了几次有关元素命名的讨论，但他始终确保了真正的发现者在化学史上占有一席之地。在新元素的发现以及谁是其发现者上，他其实是非常客观且公正的。

这大概就是为什么奥地利矿物学家弗朗茨－约瑟夫·穆勒·冯·赖兴施泰因（Franz-Joseph Müller von Reichenstein）会给他寄去自己在家乡特兰西瓦尼亚（Transsilvania）发现的矿物样本。赖兴施泰因在寄给克拉普罗特样本之前，已经为了乌普萨拉某个权威人士的回复等了12年，而这个人其实早已去世多年。克拉普罗特很快就发现，从特兰西瓦尼亚寄来的样本中含有一种新元素。同样，他再次以一颗行星的名字命名了该元素。元素碲（Tellur）得名于地球的拉丁语名字"Tellus"。当克拉普罗特宣布这个发现时，他强调赖兴施泰因才是碲元素的发现者，而且在15年前就已经发现了。

---

① 因含有不同价态的铬化合物而呈现不同的色泽。

在特兰西瓦尼亚发现的元素具有一些类似吸血鬼的特征，这也许并不令人惊讶。这种物质本身并没有特别的毒性，但当它与其他物质发生反应时，那就可能是致命的。轻度中毒会导致极度口臭，有些人将其描述为比吃完大蒜还严重一千倍。

当克拉普罗特再一次"发现"了一种新元素后，他又一次表现出了他的慷慨和公正。一种相似的物质在四年前就已经被描述过了，但并没有多少人留意到。而克拉普罗特确保了英国牧师威廉·格雷戈尔（William Gregor）不被历史遗忘。

地质学爱好者格雷戈尔曾建议，根据该物质被发现的地点——康沃尔（Cornwall）的马纳卡山谷（Manaccan-dalen）为其命名，但克拉普罗特不认同这个提议。相反，他将这个位置留给了提坦（Titaner）——天空之神乌拉诺斯和大地之神盖亚的后代，将新元素命名为"Titan"（英文"Titanium"），即为"钛"。形容词"titanisk"意为暴力、强大，甚至具有超自然的力量。它比克拉普罗特能想到的其他名字更适合这种新元素。这种轻而有光泽的金属远比许多重金属还要强硬，而且几乎不生锈，因此非常适合于航空领域。另外，由于它不与身体的组织或者体液发生反应，也适合制作人造骨骼。

希腊悲剧

在提坦被用于命名钛之后，希腊神话就为新元素的命名提供了新的思路。大约20种元素的命名和宗教有关。有些是直接被命名的，有些则通过行星或其他天体被间接命名，而这些天体又是根据神话人物命名的，例如铀的命名和天王星。有8种元素以天体命名，9种元素以颜色命名，另外9种元素以其他的属性（当然不是味道）命名，例如气味。以地名对元素进行命名在整个19世纪非常流行，几乎填补了元素周期表中近30个名称的空缺。以人名对元素进行命名是在第二次世界大战后才被重视起来的，这样被命名的元素超过了15种。

让我们回到希腊神话，更具体地说，是坦塔罗斯以及元素周期表中41号和73号元素（铌与钽）的故事。有关坦塔罗斯的神话有不同的版本，但在所有版本中，他都是国王，甚至还是主神宙斯的儿子。他被允许与众神来往，但当众神发现他偷取仙果和蜜酒（这些食物和饮品赋予众神永生），并分享给凡间的人类后，他便失去了宠爱。这种做法触碰了众神的底线。而当坦塔罗斯将儿子珀罗普斯杀死，并做成一道菜款待众神时，情况变得更加糟糕。众神愤怒了，他们复活了珀罗普斯，将坦塔罗斯打入地狱，让他在那里永受折磨。坦塔罗斯必须永远站在一条河里，头顶着硕果累累的树枝。即便食物和水近在咫尺，他也无法果腹和解渴，因为当他弯腰喝水时，水就会退去；当他伸手去摘果子时，树枝便会升高。于是，"坦塔罗斯的苦难"说法诞生了，用以形容被某物诱惑却无法得到的巨大痛苦。

坦塔罗斯的女儿尼俄柏的命运同样悲惨。她生了14个孩子，为此无比自豪，时常在宙斯的情人勒托女神面前炫耀，因为勒托只生育了两个孩子。勒托的孩子阿耳忒弥斯和阿波罗用箭射杀了尼俄柏的14个孩子，为被冒犯的母亲勒托报了仇。宙斯为了结束尼俄柏的痛苦，将她变成了一座哭泣的雕像。在元素周期表中，铌像是靠在"父亲"钽的肩膀上（元素周期表中，从左至右第五列，铌位于钽的正上方）。家族中的相似性使得铌和钽很难被区分开来。作为元素的铌、钽，前50年一直处于动荡之中，像是对坦塔罗斯和尼俄柏的额外惩罚一样。

事实上，另一个故事开始于北美。18世纪中叶，一位狂热的矿物收藏家将他的样本送到了伦敦的大英博物馆。直到1801年，富裕的英国业余化学家查尔斯·哈契特（Charles Hatchett）才仔细观察了这块在被美洲原住民称为"Nautneague"①的地方发现的石头。查尔斯发现了一种未知物质，并将其命名为"Columbium"，即"钶"，以纪念美洲大陆的发现者克里斯托弗·哥伦布。

第二年，瑞典人安德斯·古斯塔夫·埃克伯格（Anders Gustaf Ekeberg）声称，他在瑞典和芬兰的矿物中发现了另一种元素。当埃克伯格发现这种新元素几乎不可能溶解时，他就联想到了那个永受折磨的杀子凶手。埃克伯格想，这就像坦塔罗斯永远无法"喝到水"一样，于是他将新元素命名为"钽"（Tantal，来自坦塔罗斯的名字Tantalus）。几年后，英格兰那边声称钶和钽其实是同一种元素，并且因为是由他们首先发现的，所以应该保留"Columbium"的叫法。被冒犯到的瑞典化学家不以为然，他们认为"Columbium"像是一个玩笑的称呼，并全力维护当时已过世的埃克伯格提出的名称"Tantal"。

1845年，随着实验证明钶和钽是两种不同的元素，这种争论

---

① 研究人员尚无法确定这个地区是在马萨诸塞州还是在康涅狄格州。

自然也就消失了。诚然，这两种元素很难相互区分开来。澄清的力量来自德国，在那里，没有人对哥伦布或者"新大陆"有特别强烈的情感。他们坚持使用"Tantal"的名字，还认为对于钽的同伴（钶）来说，"铌"（Niob）是一个更合适的名字。因为这两种物质几乎总是一起出现，就像父亲与女儿。这些名字很快在欧洲大陆使用起来，但英国则通用"Niob"和"Columbium"①的称法。而美国人1949年之前坚持使用"Columbium"这个名字。

一段时间后，这个家族似乎又将增加一个成员。这个厘清了钽和铌关系的德国人认为，他发现了另一种与钽和铌有明显相似之处的元素，并将其命名为"Pelopium"，Pelopium源于坦塔罗斯之子珀罗普斯（Pelops）。然而，德国人将该物质命名为"Pelopium"的尝试，不如希腊诸神复活珀罗普斯那样顺利。这个提议很快就被驳回了，因为很快Pelopium就被证明只是铌和钽的混合物，而非新元素。

让北欧元素数量翻倍的芙蕾雅

毫无疑问，钽和铌都在收藏之列。在拉瓦锡化学革命之后的几十年里，新元素不断涌现，任何人都可以声称自己发现了新元素，但没有人对可能或应该有多少元素有清晰的概念。所以，需要的就是一个列表，一旦有了新元素，只需要加入新元素条目即

① 钶（Columbium），是铌（Niob）的旧称，两者为同一元素。

可。因此，在名利的推动下，出现一些分歧、相互冲突的要求和冒犯也就不足为奇了。但问题是，是否有人能比北欧女神芙蕾雅（Frøya）更"无耻"？

我们已经在布雷维克附近的洛沃亚"偶遇"了雷神托尔和他的钍元素。如果对古斯堪的纳维亚的宗教没有深入的了解，那么"Frøya"这个名字就很难被找到[①]。事实上，问题在于她是否本就应该成为元素周期表的一部分。如果不是，那么，那个谦逊的墨西哥人就该拥有23号元素发现者的荣誉。1801年，安德烈·曼纽尔·德·里奥（Andrés Manuel del Rio）认为他在产自墨西哥伊达尔戈省（Hidalgo）的铅矿石中发现了一种新元素。这位教授兴高采烈地将样本寄到巴黎去确认。可答案却是一个令人沮丧的消息，它不过是已知元素铬（Krom）。里奥失落地接受了这一事实。

机会再次留给了瑞典人。30年后，尼尔斯·加布里埃尔·塞弗斯特瑞姆（Nils Gabriel Sefström）在斯莫兰（Småland）的铁矿石中发现了一种未知元素。芙蕾雅是美貌的象征，塞弗斯特瑞姆认为，用她形容这种未知元素在与其他物质结合时出现的精美色彩非常合适。人们并不能在元素周期表中看到"frøyium"这个词，因为事实上，芙蕾雅有好几个名字，其中之一是Vanadis（凡娜迪丝）。钒（Vanadium）的命名正是来自女神Vanadis。斯莫兰的矿工引导了塞弗斯特瑞姆。这些矿工发现他们的铸铁时而坚

---

① 因为是在古斯堪的纳维亚，所以，芙蕾雅的名字以"Vanadis"出现，而不是以"Frøya"出现。

实，时而易脆。原因正是钒，它在增加材料强度的同时，并不增加材料的重量。正是这种特性，让美国福特汽车公司的创始人亨利·福特（Henry Ford）说道："如果没有钒，就不会有汽车。"从1913年起，使用钒钢合金成为福特T型车的基本特征。

在塞弗斯特瑞姆宣布发现钒之后不久，来自德国的检测表明，安德烈·德·里奥是对的，他在墨西哥发现的就是一种新元素。因此，一位英国地质学家建议应该以真正发现者的名字为钒元素命名（Rionium）。但这些热切渴求新元素的瑞典收集者一旦抓住了一种新元素，就不会轻易放手。

对于收集元素的人来说，获得钒很容易，花600克朗就可以得到10克钒。收集元素的方法有很多，有些人只想寻找尽可能纯净的元素；有些人则更喜欢化合物中的元素，例如精美矿物中的元素；有的人则只收集那些他们在家中就能提炼出来的元素；还有一些人则寻找日常使用的元素，或许是一个银勺、一根铜线，或许是一块木炭，又或许是一辆带有钒的福特T型汽车。

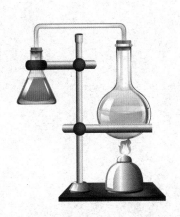

08

两个元素之星和一名谦逊的
贵格会教徒

在视频网站油管（Youtube）上，钾和钠可能是最火的两种化学元素。男孩、化学专业的学生、老师似乎都喜欢这两种软金属。有关钾和钠的"戏法"吸引了一代代的人，无论他们是知识渊博的化学家，还是普通大众，仿佛看着它们像黄油那样被切割也是值得的。但让钾和钠成为"网红"的并不是它们这种柔软的性质，而是另外一种特性——当这两种金属与水接触时，它们在水面啪啪作响，时常伴随着火焰，而如果将它们沉入水底足够长的时间，那它们就会伴着一声巨响和撞击而爆炸，甚至可以炸坏水箱。人们可以看到，一位摄影师的朋友往水中投入一大块

汉弗里·戴维

钠时，剧烈的爆炸激起了10米高的水柱，以至于相机发生了猛烈的晃动，并被溅起的水花溅湿。

钾和钠的发现者是英国化学家汉弗里·戴维（Humphry Davy）。当他第一次取得重大突破后，他在实验室里的表现和今天油管上的"网红"差不多。他的助手（也是堂兄弟）埃德蒙·戴维回忆道："他无法抑制自己的兴奋，欣喜若狂地在房间里跳来跳去。"戴维并不介意通过化学反应来娱乐观众。他的公开讲座上经常出现噼啪作响和闪光的实验。"所有人都想目睹这样的场景，包括女人。"当时的记录者如是说。戴维的表演吸引了许多人，马车把会堂入口都堵死了，造成了交通混乱，以至于主管部门别无他法，只能将会堂外的街道变成伦敦第一条单行道。

在19世纪的前十五年，拿破仑战争肆虐了欧洲，但是敌意与战争的残酷并没有阻止化学家对新元素的探索，当时的领军人物是英国人汉弗里·戴维和瑞典人永斯·贝采利乌斯。他们总共参与了11种元素的发现，影响力延伸到了元素周期表的方方面面。戴维的影响在元素周期表的最左边两列中表现得最为明显，而贝采利乌斯的影响则更为广泛。将他们称为竞争对手或者死敌，未免有些言过其实。戴维是一位雄心勃勃、引人注目的教授，是伦敦科学界的明星；而贝采利乌斯这个元素发现者，多年来投身于系统性工作，但这些工作并没有让他获得巨大的关注或者即时的荣誉和名声。这个瑞典人引入了更容易书写的化学公式缩写词与术语，这有利于科学家们相互交流。而且，他提供了更准确的原子量，这对之后的化学家来说至关重要，让他们开始看到了元素之间的相互关系。

与这两个一系列元素的发现者同时代的，是更为谦逊的约翰·道尔顿（John Dalton）。他并没有发现任何一种元素，也从未被归入牛津、剑桥和伦敦的精英研究者的行列，但他让一位来自古代的"老熟人"——原子理论复活了。

约翰·道尔顿

手舞足蹈的元素发现者

雅宝街（Albemarle Street），戴维在英国皇家学会演讲的会堂外的那条单行道，如今处于满是高档商店、餐厅与酒店的梅菲尔区边缘，成了一个安静的休憩之所。那些在戴维时代像是科学堡垒的巨柱见证了历史的伟大，它们并未将这种伟大隐于门后，而是指引人们前往地下的博物馆，通过皇家学会成员发现的十种元素，带领大家进行一场元素之旅。伴着汤姆·莱勒（Tom Lehrer）的《元素之歌》，人们可以尝试在闪烁的周期表系统中定位这十种元素。

1778年，戴维出生在英格兰西南端的康沃尔郡（Cornwall）。因为位置偏远，长期以来，他都被视为科学界社交生活中的局外人。戴维没有显赫的教育背景，数千次辛勤的实验使他登上了科学的顶峰，拥有了地位、荣誉，成为皇家学会的名誉主席。

他的科学研究生涯始于布里斯托尔（Bristol）。他被委任去做气体实验，希望能发现一些对人体有益的气体。戴维对一种氮氧化物（现在更广为人知的名字是"笑气"，也就是一氧化二氮）满怀信心，便把自己当作"小白鼠"，立即开展了一系列实验。他在科学期刊上发表自己的发现时，是这样描述的："我周围的事物都在闪烁，我的听力变得更加敏锐……我只是模糊地记得接下来发生的事情，但我知道自己很亢奋好动，而且有时候很暴力。"戴维有段时间曾对一氧化二氮产生了依赖。①

1801年，戴维离开了布里斯托尔，去伦敦皇家学会任职。他的行李中放着伏打电堆（也叫伏特电堆，是最早的化学电池），这是意大利人亚历山德罗·伏特（Alessandro Volta）在前一年发明的。戴维坚信，这种仪器可以为化学领域的重大发现做出贡献，但让他意想不到的是，这个设备将会帮助他成为元素"批发

---

① 一氧化二氮有麻醉作用。

商"。他带着新的科学思维来到了首都，并以自己的魅力吸引了无数普通的观众，浅显易懂的讲座帮助他迅速攀登至职业生涯的高峰。很快，他被邀请在皇家学会显赫的科学家们面前演讲。

在那里，他需要的不只是演示和魅力。他努力展示了伏打电堆是如何帮助化学取得进展的。虽然并没有发现新元素，但他仍让英国科学界兴奋不已。因此，戴维被要求重返皇家学会的讲台。在1807年，他讲述并展示了伏打电堆是如何揭示了钾和钠这两种新元素的。

电流是能将化合物分解成更为基本的成分（即元素）的有效方法。在专业术语中，这被称为电解。电池的正负极在与化合物接触时，会各自吸引相应的物质。展开这项实验的前提是，确定化合物是否正确以及电流是否够强。1807年秋天，戴维在进行了一系列电解实验后，终于获得了回报。

他将一种钾盐（碳酸钾）放入水中搅拌均匀，然后将水煮沸，直至只剩下粉末。人们可以利用钾制作肥皂和玻璃，还可以将它用作糕点中的发酵剂。不过，汉弗里·戴维在实验室中烤制的并不是面包或者甜饼。如果他在钾盐中加入一点水，然后接通电源，就会形成小气泡；随后，这些块状物开始发出噼啪声、嘶嘶声，还会出现金属的光亮，这是戴维和其他人从未见过的景象。他意识到一种新的元素诞生了。他欣喜若狂，手舞足蹈。当平静下来后，戴维根据化合物碳酸钾（pottaske）的名字命名了新元素钾（Potassium）。

仅仅几天后，戴维用相同的方法发现了另一种元素。这次是从熔化的碳酸钠（soda）中获取的，因此戴维将其称为

"Sodium"（钠）。没过几天，他就在皇家学会向公众展示了这些发现。一位化学家当时就在现场，他非常兴奋，认为自己见证了"化学界的又一次伟大发现"，并认为步行80千米去观看这个实验是值得的。

在挪威版本的元素周期表中，人们找不到"Sodium"（钠）或者"Potassium"（钾），因为它们被称为"Kalium"（钾）和"Natrium"（钠）。挪威人采纳的是贝采利乌斯的元素命名。贝采利乌斯更愿意用阿拉伯语"kali"来表示灰烬，而不是用英语"potash"；更愿意用埃及语"natron"表示碳酸钠，而不是用戴维的"soda"。瑞典人、挪威人和德国人用"Kalium"和"Natrium"来称呼钾和钠，即使英语和法语中仍坚持使用"Potassium"和"Sodium"，但钾和钠的缩写"K"和"Na"仍是世界通用的。

元素发现潮

戴维的电解法使他发现了更多的元素。次年，他发现了新元素钙，而且成为第一个提炼出已知元素硼、镁、锶和钡的纯净物的人。这五种元素中的四种如今按照上下顺序排列在元素周期表的第二列中。戴维也是第一个明确氯是一种元素的人，他根据氯气的颜色（希腊语"Chloros"，意为绿色），将它命名为"Chlorine"。舍勒在1774年发现并分离出了氯，但他以为氯是一种化合物。

108

38号元素锶的发现很有意思。汉弗里·戴维并不是第一个也不是最后一个发现元素的英国人。然而，只有一个英国人发现的元素是以英国的地名命名的，这个地方远离科学中心伦敦、牛津、剑桥。

　　在苏格兰的最西端，有一个拥有约300名居民的小村庄——斯特朗申（Strontian）。在18世纪和19世纪，由于丰富的铅矿和锶矿，当时那里的居民比如今多一倍。1789年，两名苏格兰化学家怀疑锶矿中可能含有某种新元素。后来，许多科学家前往此地，希望能成为新元素的发现者。不管是化学家还是科学史学家，大家都试图在已发表的文章中寻找新元素的蛛丝马迹。现在看来，只有汉弗里·戴维做到了，他使用电解法从当地的矿物中第一个分离出了锶。

　　仅一年多的时间，汉弗里·戴维已经发现了7种元素。第二次世界大战后，拥有史无前例的超级实验室的研究团队连续发现了一些元素，而在这些研究团队出现之前，没有人打破过戴维的纪录。但到了1808年12月，戴维的元素发现者的身份似乎结束了。在此之后，尽管他尝试了很多方法，却再也没有发现新元素。事实上，他离发现另一种新元素仅一步之遥，但他断定那是一种化合物，这个错误的结论让他与新元素失之交臂。他提议将该化合物称为"Silicium"（硅）。在接下来的十年里，其他研究人员发现它无论如何都应该是一种元素，而不是化合物，但毫无疑问，它应该被叫作硅。1823年，贝采利乌斯最终确定硅是一种元素。英国人一直坚持使用"Silicon"（硅）这个名称来表示计算机时代微芯片中最重要的组成部分，而挪威语中的"Slisium"才更像是戴维最初的提议。

戴维用电解法分离铝的尝试也失败了。这一荣誉归属于丹麦人汉斯·克里斯蒂安·奥斯特（Hans Christian Ørsted），尽管他在1825年使用的电解技术需要多次改进才能分离出纯铝。

戴维对荣誉的野心并没有就此结束，但他最后对新元素的尝试不是"很光彩"。1813年，他前往巴黎，接受拿破仑·波拿巴亲自颁发的奖章，以表彰他在化学领域所做的贡献。在访问期间，他和法国同行发生了争执。在科学领域，这近乎一场古老的击剑决斗。戴维和法国当红化学家约瑟夫·路易·盖–吕萨克（Joseph Louis Gay-Lussac）各自获得了紫色水晶，准备做进一步的研究——法国科学院想知道这到底是什么。

很快，两人都怀疑紫色水晶里含有一种新元素。盖–吕萨克

紫水晶矿石

是第一个提交答案的人，但戴维知道如何应对。他想起了自己从家寄往皇家学会的一封信的日期，在信中，他声称自己是该元素最早的发现者。这个丑闻最终并没有想象的那样轰动，因为后来有证据表明，这种物质在两年前就已经被另一个法国人发现了。所以，最后戴维和盖-吕萨克真正争论的是谁有对该元素命名的权力。在这件事上，历史学家们给出了不同的答案，以至于我们可能永远都无法知道是谁提议用"Iodine"（碘）这个名字，它源于希腊语的"ioeides"，意为"紫罗兰"。

原子理论的回归

汉弗里·戴维对元素周期表最大的贡献在于数量。而与他同时代的约翰·道尔顿的情况恰恰相反。约翰·道尔顿并没有在元素周期表中留下足迹，但他的贡献对未来那些开始在混乱中寻找秩序的化学家来说，和戴维同样重要。道尔顿重新提出了原子理论，但这一时期的原子理论，是以一种不同于两千年前德谟克利特原子理论的全新形式出现的。

与戴维相比，约翰·道尔顿来自一个更偏远的地方，他在英格兰西北部的坎伯兰（Cumberland）长大，属于部分自学成才，大部分的研究生活都在既定的科学环境之外度过。12岁时，约翰·道尔顿在当地一所学校担任老师。三年后，他和他的哥哥接管了离家乡稍远的一所学校。道尔顿是反对专制国教的公谊会（更广为人知的称呼是贵格会）的成员，因而无法进入牛津大学和剑桥大学这些英国圣公会大学的核心圈子。

在曼彻斯特这个圣公会大学之外的学术环境中，他受到了欢迎。在人生后50年的大部分时间里，他都在这里。除了研究，他还坚定而热情地参与了对新一代人的教学和培训，城中居民对此十分欣赏和感激。当他于1844年去世时，4万民众为他送行，这种纪念和荣誉，比世界上所有的奖牌和荣誉头衔更适合这位节俭朴实的贵格会教徒。即使在元素周期表中并不能直接看到道尔顿的身影，但他将继续生活在原子质量单位中，即人们所说的"道尔顿"（Da）中，以及医学术语"道尔顿症"（道尔顿患过且研究过的一种色盲的名称）中。

1803年，道尔顿提出了他测得的各种物质的最小成分的相对重量。这里指的并不是它们的实际重量，而是它们相对于彼此的重量，这就是这种重量被称为"相对重量"的原因。在此之前，并没有人正确地做过这些工作。很快，其他研究人员就增加、发展和改进了他的测量。这种按重量对元素进行分类的方式，引导后来者走上了研究未知系统和元素之间联系的道路。

道尔顿认为，原子不可能再分或者变化，并且与德谟克利特的原子理论相反，他认为原子的种类与元素的种类一样多。在后一点上，我们看到了元素的现代定义：一种仅由一类原子组成的物质。道尔顿对用其他物质制造出黄金的可能性也表示否定：铅就是铅，金就是金。他的原子理论最终在1808年成形，并被称为"现代科学的支柱"。这并不意味着他的原子理论是完美的。如今，即便是学习原子知识的中学生也会发现道尔顿的原子理论缺失了很多东西，但它对于化学，特别是元素周期表的发展来说是一个巨大的进步。

　　当然，并不是每个人都对新原子理论在当时的科学界占有一席之地兴奋不已。像往常一样，这些新想法遭到了反对。道尔顿的许多同时代人都对此持怀疑的态度，怀疑者之一便是汉弗里·戴维。而在瑞典，永斯·雅各布·贝采利乌斯受到原子理论的启发，成为原子量测定的主要贡献者。

瑞典的大明星

　　位于斯德哥尔摩市中心的中国剧院（Chinateatern）前面就是贝采利公园，公园中立着永斯·雅各布·贝采利乌斯的雕像，他俯瞰着新桥广场（Nybroplan）。秋天，公园里的树叶飘落时，还可以看到尼布鲁湾以及往返于斯德哥尔摩群岛之间的渡轮。遗憾的是，要找到一座纪念元素发现者贝采利乌斯的博物馆，显然是徒劳的。瑞典科学院曾经有一座这样的博物馆，但现在只对研究人员开放。

　　1803年，贝采利乌斯发现了他的第一个元素——铈（Cerium）。不过，目前尚不确定他是不是铈元素的第一个发现者，或许马丁·海因里希·克拉普罗特才应该是获得这项荣誉的人。关于58号元素故事的瑞典部分，可以追溯到1782年的里达雷坦（Riddarhyttan）地区。一个15岁的矿工之子在自家的矿山中发现了一个令人兴奋的矿块，他把它寄给了当时著名的化学家舍勒，供其做进一步的研究，只可惜结果并不理想，没有任何收获。

　　后来，矿工的儿子长大成人，成为矿主。新矿主雇用了刚毕业的永斯·雅各布·贝采利乌斯，两人重新检测了矿块。这一次，他们确信发现了一种新元素。于是，他们迅速向一家德国的化学杂志社邮寄了有关该元素的描述，并表示他们想把这种新元素命名为"Cerium"（铈），以纪念两年前发现的小行星——谷神星（Ceres）。然而，他们并未如愿，因为该杂志刚刚发表了一篇文章，作者克拉普罗特声称，他刚发现了一种完全相同的元素。

对于这种争执，有一条不成文的规则：先到先得。具体来说，就是谁先发布，谁就是第一发现者。然而，一年后，两位瑞典人收到了一封来自德国的信，信里声称，杂志编辑改变了主意，将铈元素发现者的荣誉给了他们，并让他们为其命名。这个决定背后有什么原因？克拉普罗特为什么没有异议？这至今仍是化学史家想解开的谜题之一。

1779年，贝采利乌斯出生在韦特恩湖（Vättern）以东的韦弗松达（Väversunda）。尽管他有很多发现，但也不情愿地加入了发现新元素的队伍。青年时期，他对生物体内的化学最感兴趣，也就是现在所说的有机化学。在他看来，岩石和矿物本身并不鲜活，但在当时采矿业蓬勃发展的瑞典，它们是更好的营生。

在发现铈元素之后很久，贝采利乌斯才有新的发现。这并不是因为懈怠。受英国化学家约翰·道尔顿的启发，他开始着手寻找能更好地测定各种元素重量的方法，并耐心而系统地用自制的仪器进行了一次又一次的实验。从1810年到1820年，他发明了更新、更精确的原子量表，与这项工作息息相关的，是他需要对每种元素的符号做一些改进工作。

按照道尔顿的原子量表，在表示化学公式时，仍沿用炼金术士象征性的小符号——字母、圆圈、点、线和星星，它们被组合起来，以指代某种物质名字的来源。贝采利乌斯认为："为了方便书写，化学符号应该由字母组成，这样才不会毁了一本印刷书籍。"因此，他将水的公式写成"2H+O"，随着时间的推移，这个公式变成了更简洁的"H_2O"。他的成就超过了像汉弗里·戴维这样的化学权威。正是在此时，贝采利乌斯为戴维命名的"Sodium"（钠）和"Potassium"（钾）选择了相应的缩写符号"Na"和"K"。

在发现新元素领域，贝采利乌斯一直处于领先地位。他曾书面声明了对Gahnium的发现，后来证明它只是锌和氧的化合物。他还曾推测Vestaeium的存在，但这种猜想从未被科学证实过。1815年，贝采利乌斯发现了一种新物质，想将其命名为"Thorium"（钍），但他并不完全确定。他没有公开宣告对这种物质的发现，而是将相关资料放进抽屉里，以备后用。1818年，贝采利乌斯发现了他的第二种元素，将其命名为"Selen"（硒），由希腊语中"月亮"一词而来。之所以取名为硒，是因为该物质与以地球命名的碲有很多相似之处。这种相似之处在元素周期表中一目了然，"月球"（硒）位于"地球"（碲）的上方。

1823年，贝采利乌斯获得了硅元素发现者的荣誉。后来，由于汉斯·莫顿·斯兰·艾斯马克在洛沃亚岛上的敏锐视觉，最终促使贝采利乌斯在1829年发现了钍元素。至此，贝采利乌斯的元素发现之旅结束了。在25年的时间里，戴维和贝采利乌斯发现了11种新元素，这几乎占据了整个元素周期表的十分之一。但在19世纪初，寻找新元素的人并非只有戴维和贝采利乌斯。

成分丰富的走私品

在18世纪中叶的欧洲，铂广为人知。起初，这种金属被视为一种影响拉丁美洲矿山的黄金价值的烦人物质，但很快人们就发现，铂也有一些好的特性，问题是如何能够提炼足够纯净的铂，如何找到可以去除各种杂质而又不花费太多成本的方法。为了解决这两个问题，1800年，威廉·海德·沃拉斯顿（William Hyde Wollaston）和史密森·特南特（Smithson Tennant）平分了一批从国外进口、重达170公斤的铂矿石。一些化学史家认为，这批矿石可能是从卡塔赫纳（Cartagena，今哥伦比亚境内）经牙买加走私过来的。当沃拉斯顿和特南特试图从各自分到的铂矿石中提炼纯铂时，却各自在"废料"中发现了两种未知元素。

特南特发现了铱（Iridium）和锇（Osmium）两种元素，其名字分别来自希腊语中的"彩虹"和"气味"。铱与不同的盐混合时呈现出的颜色迷住了特南特。但锇的气味就没有那么迷人了。沃拉斯顿则选择以小行星帕拉斯（Pallas）命名其中一种新元素，即钯（Palladium），并根据希腊语中的"玫红"，将另一种元素命名为"Rhodium"（即铑），因为它能形成玫瑰色晶体。

特南特和沃拉斯顿各自发现了两种元素，但是沃拉斯顿拿到了大奖，因为他解开了制造纯净且有延展性的铂金属的谜团，并赚到了不少钱。不过，沃拉斯顿没有向任何人透露他是如何取得成功的，他将方法一直保密到他1828年去世的前几周。

铂以及之后发现的铑、钯、锇和铱属于铂族元素。铂族元素的最后一个成员是钌（Ruthenium）。这六种元素聚集在元素周期表的中间。钌也是在铂矿中被发现的，但不是在走私的铂矿中，而是在俄国乌拉尔山脉的铂矿中被发现的。钌名字的灵感来自"Ruthenia"，这是拉丁语中对包括俄国西部以及东欧部分区域的称呼。俄国人对于这一元素的命名提议了三次，但前两次都被西方化学家们拒绝了。1840年，俄国终于有了第一种元素，这要归功于出生在波罗的海国家的德国裔（波罗的海国家当时处于俄国统治之下）喀山大学教授卡尔·恩斯特·克劳斯（Karl Ernst Claus）。

并不是所有19世纪的学者都像威廉·海德·沃拉斯顿那样，对金钱充满渴望，但也没有多少人像广受爱戴的约翰·道尔顿那样温和、谦虚和无私，绝大部分人称不上是为了科学，他们只是渴望在大学里获得一个终身教职，或者得到荣誉、名望、显赫的头衔和皇室的褒奖。然而，他们都怀着惊奇心、好奇心和耐心，渴望解释世界为何如此呈现。汉弗里·戴维是一个典型的科学研究人员，他希望每个人都能看到他的优秀，但如果没有无尽的实验和在实验室中度过的数千小时的艰苦时光，他就永远不会取得所拥有的成就。而即便是贪婪的沃拉斯顿，也发现了两种之前的科学家从未见过的元素，这比那些只会吹嘘的空谈家要伟大得多。

三元素组：元素首次被分类

约翰·沃尔夫冈·冯·歌德（Johann Wolfgang von Goethe）被认为是德国历史上最后一个全才。如今，他最知名的身份是作家，《浮士德》是他的代表作品，他也因此与威廉·莎士比亚齐名。歌德对科学研究和哲学同样满怀兴趣。他生活在18、19世纪之交——在注重细节、深入的专业化研究开始之前，那个时代的科研者对诸多学科都有涉猎。

如今，我们仍可以看到许多文章称歌德为"出色的科学家"，或称他拥有"渊博的知识"。在不质疑歌德文学天才地位的情况下，这些说法或许有些言过其实。歌德也将他对科学的热情写进了他的文学作品中，但在《浮士德》中，出现了不少与当时的科学研究不符、过时且神秘的炼金术的内容，比如他对艾萨克·牛顿色彩理论的攻击。另外，在《浮士德》中关于岩石形成问题的讨论上，他也站在了错误的一边。

不过，有一件事歌德做对了，也因此让整个科学界，尤其是元素周期表研究者永远感激这位伟大的作家。1810年，作为公职人员的歌德负责在耶拿大学招聘一位化学家。他聘用了贫穷且没有名气、与自己同名的化学家——约翰·沃尔夫冈·德贝莱纳（Johann Wolfgang Döbereiner）。两人随后在定期有关科学讨论的信件往来中建立了亲密的友谊。据说，歌德还作为嘉宾突然现身德贝莱纳的讲座。在一封信中，德贝莱纳第一次提到了他所看到的三个一组的元素之间的系统性联系，这种联系最终帮助后来的化学家发现了元素的周期性。

这个被称为"德贝莱纳三元素组"的假说有着漫长且艰难的

德贝莱纳

发展过程。对这一假说的探索始于德贝莱纳对锶元素（Strontium）的研究。最初，他只是怀疑锶是钙和钡的混合物，但当他继续研究时，他发现锶的原子量几乎接近其他两种元素原子量的平均值。他对于这种联系是否只是出于偶然充满好奇，并在

1816年写给歌德的一封信以及次年的一场讲座中提到了这些想法。但随后，三元素组就被他抛诸脑后，直到十年后发现另一种元素时，德贝莱纳才重新拾起这个理论。

使德贝莱纳重回研究轨道的这种新元素叫Brom（溴）。它几乎（但只是几乎）是在德国偏西部的地方被发现的。沿着莱茵河的支流，巴特克罗伊茨纳赫（Bad Kreuznach）以温泉、疗养胜地和葡萄酒而闻名。不过，1825年，一位年轻的化学家从家乡带来的既不是温泉精油，也不是葡萄酒。在对当地泉水进行试验后，他获得了一种红色（也有说棕色的）、带有刺激性气味的液体。他将这种红色液体展示给了海德堡的教授，希望能获得一个职位。因为该液体极有可能是一种新物质，这位教授很感兴趣，他希望年轻的化学家能提供更多的新物质。但这位年轻的化学家忙于考试，又度了一些时日的假，几个月就这样过去了。一系列的延误，使一种新元素的发现与他们失之交臂。

第二年，在这位德国教授能够对外宣称发现这一元素前，法国人安东尼·杰罗姆·巴拉尔（Antoine-Jérôme Balard）宣布，他在蒙彼利埃（Montpellier）盐沼泽的海苔灰烬中发现了一种物质。这位年轻的研究助理发现的这种物质，与碘和氯有很多相同的特质。起初，他认为这种物质是碘和氯的混合物，但当他发现并不能继续分割此物时，巴拉尔意识到自己很有可能发现了一种新物质。最后，法国科学院的元老一致同意并宣布，巴拉尔是这种新元素（溴）的发现者。但他们对巴拉尔所提议的元素名字并不那么满意，这个原为"Muride"的名字，取自法语单词"卤水"。科学院说服了巴拉尔将溴改名为"Brom"，这个名字源自希腊单词"恶臭"，因为溴比"锇"的气味更刺鼻，而锇这一名称源于希腊语中的"气味"一词。

只是巧合？

氯、溴和碘具有相似的性质。对于巴拉尔和他的法国朋友来说，这三种元素的意义就仅是三种元素。但在德国，"德贝莱纳三元素组"的定律得到了进一步发展。1826年，永斯·雅各布·贝采利乌斯更新了他的原子量表，其中包括了新发现的溴，这让德贝莱纳恍然大悟。

当将氯的原子量和碘的原子量相加，并计算出平均值为80.47[①]时，德贝莱纳发现这与溴的原子量78.38十分接近，他认为这并不是偶然。德贝莱纳指出，氯、溴和碘不仅具有相似的化学性质，而且还通过物理性质（即原子量）相互联系。他认为，随着原子量变得越来越精确，这种误差会更小。事实证明他是对的。以今天的原子量或现在所称的原子质量来计算，氯和碘的原子量平均值为81.18，而溴为79.904。德贝莱纳将这三种元素归为一组，称作"trias"（后被称为"triader"），即"三元素组"。

[①] 这算不上是世界上最难的计算，但无论怎样，在德贝莱纳发表的文章中，最终计算是错误的。他写道，氯的原子量为35.47，碘的原子量为126.47。出于善意的揣测，没有写成正确答案80.97，可能是由于印刷错误。

元素 1 （原子质量）	元素 2 （平均原子质量）	元素 3 （原子质量）
锂 6.9	钠 23.0 23.0	钾 39.1
钙 40.1	锶 87.6 88.7	钡 137.3
氯 35.5	溴 79.9 81.2	碘 126.9
硫 32.1	硒 79.0 79.9	碲 127.6
碳 12.0	氮 14.0 14.0	氧 16.0
铁 55.8	钴 58.9 57.3	镍 58.7

德贝莱纳三元素组

在元素周期表中查找氯、溴和碘时，人们可以一目了然地看到，德贝莱纳必定是认识到了某种重要的联系。这三种元素上下排列在元素周期表最右边的第二列，为卤族元素。德贝莱纳的计算被视为元素系统化的第一次成功尝试。

当19世纪初，德国年轻的德贝莱纳关闭了他的药房时，还远未开始这项研究。拿破仑击败普鲁士人的战斗就在耶拿城外，这场战斗给该市的大学造成了严重的损失。在一切需要重建之时，歌德来到这里，拯救了这位处境不利的药剂师。在接下来的几十年里，这位恩人不断地为他的救助人争取更好的薪酬条件和实验室设备。歌德本人表示，他非常乐意"为德贝莱纳和耶拿的化学事业建造一座城堡"。德贝莱纳为感激歌德的信任，一直没有离开耶拿，即便当时他收到了许多更知名大学的邀请。

当1829年正式发表三元素组假说时，德贝莱纳并不满足于氯、溴、碘和钙、锶、钡这两个三元素组，只有这两组显然不够有说服力，他还列入了硫、硒、碲和锂、钠、钾。至于在1817年没有发现锂、钠、钾这一组的联系，是因为当时还不知道锂。不过，锂的发现就在转眼之间。

斯德哥尔摩往南一直到波罗的海，这里有一个乌托岛（Utö），是石头和矿物爱好者的天堂。1800年左右，一位巴西访问学者在岛上发现了一种有趣的矿物。直到1817年，该矿物才进入瑞典化学家约翰·奥古斯特·阿韦德松（Johan August Arfwedson）的实验室。当他将矿石碾成粉末，并放在火焰上时，出现了一种令人好奇的深红色。他尝试了汉弗里·戴维的电解法，但因为电池的蓄电能力不足，在经过几轮排除后，仍有3%的物质是他无法确定的。一种相当明显的迹象表明，他正在处理一种未知元素。

永斯·雅各布·贝采利乌斯也正对此有所研究，他用希腊语中的"Lithion"（意为"石头"）将其命名为"Litium"。阿韦德松在他的报告中写道，在与其他物质的化学反应中，锂与钠和钾有着相似的反应。事实上，他并未对此进行过多的研究，但他的想法与同年德贝莱纳在耶拿的讲座上发表的理论相差不远，即1829

124

年确定的锂、钠、钾三元素组。

对三元素组定律的沉迷

以上提到的四组三元素组仍然坚如磐石地存在于元素周期表中。事实上，德贝莱纳还提议了其他几组元素，但它们已不适用于如今的元素周期表。例如，锰、铬和铁彼此左右相邻而非上下排列，镍、铜、锌这一组也是如此。德贝莱纳自己对这两组也并非十分确定，对于它们的描述也显得不自信，但这不能阻止他对这两组元素大胆猜想，以及寻找它们的规律。

探寻三元素组也是其他科研者的研究方向，并且随着新元素的不断增加，以及化学家们越来越擅长元素的原子量测定，这样的三元素组也越来越多。在德贝莱纳提出三元素组之后几年，他的一位同事创建了一个包含多达55种元素的三元素组系统，从而成功地将当时已知的大多数元素分组。所有这些三元素组被置入一个类似的V形框架中。这与我们如今所知的元素周期表并没有太多的相似之处，但有人称，如果移动V形表中的一部分元素，那么就可以看出这位研究者探寻的某种规律的端倪。

然而，上述评价并不适用于所有的继任者。对三元素组的探寻在当时变得相当盛行。"对三元素组的沉迷，推迟了元素周期表的发现。"在回顾自己揭示化学元素周期性之前的那段时间时，门捷列夫如此说道。这些探寻者中走得最远的一位，用20种三元素组和7种超级三元素组，将几乎所有的化学元素囊括在内。

V形三元素组

很多人似乎忽视了对德贝莱纳和那些严肃的三元素组探寻者来说非常重要的东西。对德贝莱纳等人来说，这不仅仅是三种一组地将物理性质的原子量联系在一起，同样重要的还有三元素组应该具有相似的化学特性，即它们与其他物质结合时，必须有大致相同的反应。锂、钠、钾这个三元素组不仅在原子量上形成了一种模式规律，它们还具有非常柔软、与水接触时会发生极为相似的反应的特性。

如果人们想自己发现一些三元素组，那么只需要找到元素周期表，然后开始三种元素一组地进行组合即可。尽管现代元素周期表是按照原子序数而非重量排序的，但仍然存在许多三元素组。以德贝莱纳的锂、钠、钾三元素组为例，锂的原子序数是3，钾的原子序数是19，这两者的平均数是11，那么位于两者之间的钠的原子序数是多少呢？没错，正好是11。再看看氩、氪、氙，三元素组的魔法规律同样适用于这一组三元素。

德贝莱纳的三元素组，是根据原子量递增之外的规律对元素进行归纳整理的第一次成功尝试。三元素组是人们在元素周期表中意识到族的联系的第一个重要提示。在整个19世纪40年代和50年代，对三元素组的归纳整理热有所减退。三元素组的探寻者科学、系统的尝试并未成功，这让他们失去了动力与兴趣。其中最重要的缺失是各个三元素组之间的联系——一种整体性的联系，以确保各组并不是孤立存在的。其次，原子量这个问题本身也存在许多不确定性，尤其是许多元素的缺失，没有人知道究竟还缺失什么或者还缺失多少。

想象一下，这类似于在分到大约50个图块后，你试图将它们拼凑成一幅图，但事后你才知道，这50个图块只是构成整幅图的数百个图块中随机的50个而已，其中一部分甚至都不属于这幅图。你大概需要苦思冥想，甚至可能必须具备一些立体空间感，以找到你所拼凑的东西的某种意义。尝试寻找元素之间的某些系统性的联系大概也是这样，因为新元素始终不断地出现，由于错误或者误解，其中一些元素可能还会突然消失。所以一路走来，有德贝莱纳相伴也是一件挺不错的事，至少他可以三种一组地对元素分类，这些小的联系可能有着某种重大的意义，并可以在新一代化学家们试图解答谜题时，激发他们的思维和想象力。

对三元素组的探索就这样落幕了，它虽然早早退出历史舞台，却影响了整个化学科学。例如，在1860年之前的20年里，人们并未发现什么新的元素。瑞典人卡尔·古斯塔夫·莫桑德（Carl Gustav Mosander）大概是唯一一个继续前行的人。1838年至1843年，他发现了未知的镧、铒和铽。除此之外，化学界没有什么重大发现。化学科学缺乏可以推动其进步的新技术，十分有必要就一些基本原则达成一致。1860年是具有里程碑意义的一年，它同时满足了以上这两项需求。

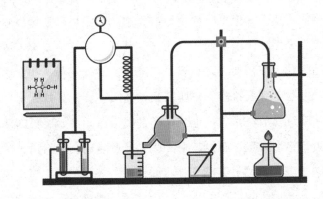

那场化学历史上的重要会议

"刚刚在卡尔斯鲁厄（Karlsruhe）结束的化学大会，是科学史上的标志性事件，以至于我认为自己有责任记下大会期间所取得的成果，即使只有短短几句。"1860年11月2日，俄国首都最重要的报纸《圣彼得堡新闻》上有一篇文章的开头是这么写的。这句话出自两个月前的一封信，署名是德米特里·门捷列夫。在信中，他激动地谈到，卡尔斯鲁厄会议确保了各国化学家今后在谈论原子和分子时可以使用相同的语言，并为未来的化学研究奠定基础。他相信，新的协议将会立即取得成果。事实的确如此，仅仅九年后，门捷列夫就发表了第一版元素周期表。

如今，研究人员的行程表上随处可见这样的会议，他们聚在一起听讲座、看演示，相互交换名片，讨论新的想法和主意，又或者晚上在酒吧庆祝。每个领域都有专场会议或者专业交流。然而，在一百五十年前，这样的会议并不是日常事务，尽管当时的铁路网已经连接欧洲大部分地区，但地理距离对专业交流形成的障碍比今天要大得多，语言障碍亦是如此——每个国家都有自己的语言，对于化学专业术语和概念，不同的国家有不同的定义。

因此，年轻一代的化学家对化学领域的混乱和误解越来越不满。在某些领域，在理论的诸多方向上，化学界都出现了分歧。所以，虽然并不需要一场彻底的化学革命，但必要的改变势在必行。于是，三位对现状不满的化学家邀请了重要的专业人士齐聚一堂，以改善当时混乱的状况。这场化学大会在卡尔斯鲁厄举行，因此大多数的德国化学家都参加了，欧洲其他地区也基本都有代表参加。他们克服了交通不便和语言障碍前来参加会议，期待化学的某些领域能够变得井然有序。

光谱仪：元素探寻者们的新玩具

1860年9月，一百多名科学家接到邀请，纷纷前往卡尔斯鲁厄。罗伯特·本生（Robert Bunsen）就是其中一个。本生是化学领域的权威之一。1860年，他改变了化学家对已知元素的识别方式和对新元素的发现方式。就在此前的几个月，他使用新方法——光谱分析法发现了新元素铯（Cesium）。很快，他又找到了另一种新元素铷（Rubidium）。借助光谱仪，研究人员能够在色谱中观察每种元素鲜明的特征。之后，这种新设备帮助研究人员在19世纪发现了诸多新元素。

罗伯特·本生

早在16世纪，人们就知道，不同物质燃烧时会呈现出不同的颜色。炼金术士们对这种现象非常着迷，并写下了不少相关文章。事实上，正是深红色的火焰揭示了锂元素。很难用语言来描述第一次看到不同物质燃烧时的感觉——钠燃烧时的明亮的橙黄色火焰、锶燃烧时的浓烈的粉红色火焰、铜燃烧时的亮绿色火焰、钾燃烧时的亮紫色火焰。

与光谱仪的精度相比，火焰的细微差别只不过是"小儿科"。1666年，当艾萨克·牛顿发现普通白光包含了彩虹的所有颜色时，思想的火花被点燃了。如果使光通过玻璃三棱镜，那么它将在另一端以色谱的形式出现，最上面为红色，最下面为紫色。在透过三棱镜的过程中，光波改变了方向，人们今天称之为光折射。不同的波（颜色）折射率不相同，它们像扇子一样散开。光谱并非只包含了人们有时在天空中看到的彩虹的七种颜色，它实际上是连续的，无数色调逐渐彼此过渡。

在光谱中，每种元素都有自己独特的谱线。例如，锂在燃烧时不仅具有象征性的红色，而且当这种火焰发出的光穿过棱镜时，在色谱的最右侧会出现一条清晰的红线，在左侧稍远处则出现一条橙线。再比如，钠的光谱有一条黄线，而钾的光谱则有两条不同的红线。其他元素的光谱可能有几十条独特的颜色条纹。

如果将两种元素的化合物放在火焰上燃烧，那么这两种元素的不同颜色条纹都将在三棱镜的另一端显现。确定所有元素的色谱是一项极其需要耐心的工作，但一旦完成，那只需对照色谱，就可以知道燃烧的是哪些已知元素了。而如果出现了一种未被记录过的颜色条纹，那基本可以确定刚刚燃烧的是一种新元素。

1860年，两位德国研究人员——罗伯特·本生和古斯塔夫·基尔霍夫（Gustav Kirchhoff）展示了他们新制的光谱仪。他们并不仅仅考虑检查锂、钠和钾等已知元素，因为他们知道光谱仪可以用来检测新的元素。很快，他们就发现了一种未知的颜色组合。几个月后，他们将新元素命名为"caesium"（取自拉丁语词汇，意为"天蓝色"），也就是"铯"，因为在他们观察到的光谱中，有一条天蓝色的条纹非常显眼。有一处水源据说对人体健康有益，本生和基尔霍夫就是从这个水源处取得的水中发现了铯元素。这种柔软、有光泽的金属在某些情况下可能是非常危险的。1986年，在切尔诺贝利事故后，放射性元素铯在挪威留下了重大隐患。如今，铯被用来制作原子钟。自1954年以来，极其精确的铯原子钟成为全球时间计量的标准。

在光谱仪的发展历程中，本生发明的实验工具影响深远。当时，他需要一个更强大的高温加热工具，鼎鼎大名的本生灯便应运而生。

距离他们发现第一种元素短短几个月后，这两位海德堡大学教授又发现了另一种新元素铷（rubidium），其名字来源于拉丁语单词"ruidus"（深红色），而铷的发现正是根据光谱中出现的颜色确定的。从元素周期表中它处于铯上方的位置来看，铷可以用于制作更小、更方便携带的原子钟。该元素还以宇宙中最冷的物质而闻名。1995年，研究人员成功将一小块铷冷却到零下273.14摄氏度，仅比绝对零点高了0.01摄氏度。

在光谱仪中，本生和基尔霍夫看到的并不是有形实体的金属铯和铷，而是加热这两种物质时发出的光。因此，当当地一家化工厂被委托浓缩和处理44 000升矿泉水时，他们并没有分离出纯金属，而是提炼出了9.2克氯化铷和7.3克氯化铯。

"有毒"的争论

英国人威廉·克鲁克斯（William Crookes）是最早看到光谱仪潜力的人。自世纪之交的汉弗里·戴维全盛时期以后，英国人一直都没有发现新的元素。克鲁克斯决心在仍有新元素不断被发现的情况下，树立国家的荣誉。1861年，他在检测自己从学生时代就保留下来的一些岩石样本时，在光谱仪中看到一条与已知元素不相符的浅绿色的线。1863年，他自豪地带着铊（Thallium）——这个名称源自希腊语"绿芽"的新元素，参加了在伦敦举行的世界博览会。

当法国人克劳德·奥古斯特·拉米（Claude-Auguste Lamy）也在展会上展示铊时，克鲁克斯震惊了。而当拉米取笑克鲁克斯的铊只是一些铊粉时，情况变得更糟了。因为拉米拥有一块像模像样的灰白色金属，所以博览会的评委会最终将奖项颁给了拉米。得知这个消息，英国人沸腾了。"当评委会的大多数成员都是外国人时，还能指望什么？"据说，克鲁克斯怒不可遏，在自己担任编辑的杂志上进行了反击。事后，他从主办单位那里获得了安慰奖。然而，法国和英国的化学家在谁才是铊真正的发现者这一问题上争论了几十年。

铊粉无色无味，但有剧毒。在19世纪30年代，铊代替了砷，成了毒害人的新武器。因此，这种粉末在文学和电影中被广泛用于杀人——在现实中也是如此。很长一段时间内，人们可以在药房购买铊粉当作老鼠药。铊一旦进入人体，会造成全身伤害，最终让人伴随疼痛而死亡。

在元素周期表中，位于铊之上的是铟（Indium），它也是一种柔软的银白色金属。1863年，德国人费迪南德·赖希（Ferdinand Reich）在寻找铊时，在光谱仪中发现了一条未知的蓝色条纹。事实上，可能是他的年轻同事看到了这条靛蓝色条纹，因为65岁的赖希是色盲。"铟"这个名字取自一种颜色"靛蓝"，在拉丁语中，这个词实际上有"来自印度"之意。铟是人们利用光谱仪在四年之内发现的第四个新元素，之后还有更多的新元素涌现——但那都是研究人员在元素周期表的帮助之下发现的。

在当时的化学历史节点上，铟是1869年门捷列夫发表的第一版元素周期表中包含的最新元素。在光谱仪的胜利为人带来短暂且一夜成名的荣誉的同时，化学科学也朝着一个更大的目标迈进，即探寻所有元素是如何联系在一起的。从历史意义的角度来说，本生和基尔霍夫在1860年展示的光谱仪当然很重要，但在卡尔

134

斯鲁厄举行的会议比发现新元素的影响要深远得多。正是在卡尔斯鲁厄，化学家们共同设法消除了长期以来阻挠他们从单个三元素组迈向整体系统的障碍。

有关原子与分子的困惑

1860年初，对于如何使用"原子"和"分子"等关键术语，化学界没有任何规定，也没有就它们之间的关系达成一致。这不但导致所使用的原子量不准确和出现错误，还使得元素之间的相互联系很难被发现。不过，九年后，当第一张元素周期表揭露了这些元素之间的联系，一切第一次变得有序后，化学科学就迅速发展起来了。

1860年9月3日上午，127名代表参加了卡尔斯鲁厄的第一场会议，目的是就一些重要问题达成一致。例如，人们通常使用公式"HO"表示水，但少数人则像如今那样用"H_2O"表示水。

通常来说，氢的原子量为1，并依此计算其他元素的原子量。对许多人，包括那些坚持以贝尔塞柳斯的方法计算元素原子量的人来说，氧的原子量是8，但还有一些人将其计为16。正是这些参差不同的重量，构成了人们探索元素之间关联的基础，所以障碍与误解不可避免。卡尔斯鲁厄会议并没有出台任何决策，因为参会人员并没有获得任何授权和职能。但化学家们可以按自己的想法去提案、建议。很快，会议促进了化学科学的大发展。出席会议的两位化学家为卡尔斯鲁厄会议做出了贡献，以至于此会议被称为有史以来最重要的化学会议之一。这两位化学家是1869年发表了元素周期表的门捷列夫和同样开发了元素周期表的洛萨·迈耶（Lothar Meyer）。

罗伯特·本生等权威人士的出席让会议大放异彩，但让卡尔斯鲁厄会议在化学史上占有一席之地的是不知名的意大利化学家斯坦尼斯劳·坎尼扎罗（Stanislao Cannizzaro）。30年后，门捷列夫仍然对坎尼扎罗当年是如何"不妥协并传达真相本身"记忆犹新。坎尼扎罗时不时出现在会议上，并就讨论发表意见。这个意大利人在大会的最后一天所做的评论发言，占据了会议纪要的三分之一篇幅。坎尼扎罗知道自己想要什么，并做了充足的准备，他的目标就是带领来自欧洲各地的专业人士走上一致且正确的道路。另外，他还想确保同胞阿梅代奥·阿伏伽德罗（Amedeo Avogadro）获得理应获得的认可与荣誉。1871年，坎尼扎罗获得了意大利参议院的席位。

实际上，在卡尔斯鲁厄会议召开前50年，阿伏伽德罗就提出过解决原子量问题的方法，但他的理论在阿尔卑斯山以北（这是大部分化学史展开的地方）几乎没有影响。阿伏伽德罗独自在都灵工作，他不像同时代的贝采利乌斯那样，有来自分散在各大学和科学院的门生的帮助。

因此，很少有人注意到阿伏伽德罗的理论。他的理论指出，氢气、氧气和氮气中的分子由两个原子构成，而不是一个原子。这听起来很幼稚，但既有的错误认知已经深入所有化学领域的最深处。在随后的几十年里，一些人受到阿伏伽德罗理论的启发，但其影响仍然甚微。直到坎尼扎罗登上卡尔斯鲁厄的演讲台，局面才发生了扭转。

阿伏伽德罗于1856年去世。两年后，坎尼扎罗写了一本教科书，其中包含了他的前辈们的理论，并计算了新的、更准确的原子量。从热那亚（Genova）前往卡尔斯鲁厄之前，他将所有要点记在了一本小册子中，然后分发给了大会的参与者。坎尼扎罗想，如果与会人员不认可自己的演讲，那他希望至少有人带着这本小册子，在回家的路上翻阅。在返回布雷斯劳（Breslau，现波兰弗罗茨瓦夫）的长途火车上，洛萨·迈耶就这样做了。他后来描述了阅读这本小册子是如何让他大开眼界的："怀疑消失了，取而代之的是一种平静的确定感。"

一个系统性时期

现在，基于单个三元素组的发展道路变得宽阔了。三元素组的元素具有相似的化学性质，而且当它们按原子量进行排列时，还会出现周期性。60多种元素开始聚集成一张图网。"周期"通常被定义为某事物定期返回，这种现象在理解元素周期表时是最为重要的，也是人们将元素表称为"元素周期表"的原因。

19世纪60年代，化学家们一直在寻找一个可以以一种有意义的方式归纳所有已知元素的综合系统。对于大多数人来说，引领了元素周期表历史的可能是红褐色头发、大胡子的门捷列夫。他当然值得被铭记，但人们不要忘记，他只是至少六位独立地看到元素之间存在某种规律（我们今天称之为"周期"）的科学家之一。

第一个发现元素之间规律的，是法国地质学家亚历山大-埃米尔·贝古耶·德·尚古图斯（Alexandre-Émile Béguyer de Chancourtois）。他把这些元素像圣诞链环一样螺旋排列在圆柱体上，然后硫出现在氧的下方，硅出现在碳的下方，就像它们在元素周期表中一样。然而，被他称为"地球物质螺旋"的元素图表有一些缺点。之所以取此名称，是因为碲元素位于图表正中，而其得名于拉丁语"Tellus"（意为"地球"）。尚古图斯不是化学家，也没有在化学杂志上发表文章，所以他的观点并未引起广泛关注。更为关键的是，在1862年印刷这篇晦涩的文章时，他的编辑并没有带上插图，让文章变得更加晦涩难懂。因此，尚古图斯或多或少地被忽略了。

下一个发现元素之间规律的人，是英国人约翰·纽兰兹（John Newlands）。他错过了在卡尔斯鲁厄举行的大会。据说，因为他的母亲有意大利血统，所以同年他在加里波第的意大利革命军中担任志愿者，没有收到邀请。当他在1863年试图对元素进行分组和整理时，他使用了过时的原子量。第二年，根据坎尼扎罗对于原子量的修订，纽兰兹很快就发现了元素之间神秘的周期性。他提出了"八音律"理论，因为似乎每隔七种元素就会出现性质相似的元素，他把它们比作钢琴上的琴键。如果在钢琴上敲击A，并按照音阶向左移动，那么在敲击第八个琴键时，又会遇到一个新A。不可否认，新A更低沉，但协调地看，它与A有相同的属性。与do-re-mi-fa-so-la-ti-do不同的是，纽兰兹得到的是Na-Mg-Al-Si-P-S-Cl-K。这里，钠（Na）和钾（K）是同组，正如do组一样。

伦敦的化学家不需要如此幼稚的简化和音乐性参考。一些人认为，纽兰兹索性可以将元素按字母顺序排列，甚至嘲笑他可以用元素编一首歌。尽管如此，纽兰兹的元素表还是笑到了最后，因为门捷列夫和后来的科学史家们都称他是第一个发现元素的这种重复周期规律的人。

威廉·奥德林（William Odling）与纽兰兹一样，出生在伦敦泰晤士河以南的南华克区（Southwark），但几乎没有迹象表明这两人进行过专业交流。奥德林出席了卡尔斯鲁厄会议，之后在英国就坎尼扎罗在会议上的表现发表了演讲。1864年，他成功将57种已知元素归类。从某种程度来说，其比门捷列夫于五年后发表并因此名声大噪的周期表更为精确。但在很大程度上，奥德林的科学工作被遗忘了，有人怀疑这可能与他利用自己的权威让纽兰兹远离人们的视线有关。

古斯塔夫·德特莱夫·辛里奇（Gustavus Detlef Hinrichs）的螺旋元素周期体系表也未被后来的科研者使用。如果当时他的观点被采用了，那么现在的元素周期表看起来就会像是比萨或者饼图。1860年，辛里奇移居美国艾奥瓦州（Iowa），远离了欧洲的化学讨论，形同化学界的局外人。这虽没有削减他参与化学研究的热情，却减少了其被认可的机会。他的元素表始于中间放置的最轻的元素，然后用与纽兰兹和奥德林大致类似的元素组来展开。由于许多元素的缺失，辛里奇的图看起来就像是被人吃了几块的蛋糕，每一面都缺少了一大块。

当时的化学界显然正在悄然酝酿一些事，其中决定性的战斗在门捷列夫和迈耶之间展开。洛萨·迈耶出生在今天德国西北部的奥尔登堡（Oldenburg）。据说他在儿童和青少年时期一直与疾病做斗争，当医生的父亲一度禁止年轻的迈耶从事各种形式的智力活动。经过一年的园艺工作后，迈耶的状态好转许多，因而有机会追随父亲的脚步。在苏黎世完成医学学业后，迈耶前往海德堡学习更多的化学知识，并被罗伯特·本生实验室里的化学世界深深吸引。

受坎尼扎罗的演讲和更新的原子量的启发，迈耶从卡尔斯鲁厄会议回来后没有虚度光阴。早在1862年，他就将28种元素按组分类了，这与今天的划分完全一致。这一结果首先发表在迈耶于1864年出版的教科书中。但在下一个十字路口，一些错乱将改变他的轨迹。1868年，他修订了这本书，并且设法在他的表中加入了另外24种元素。有人声称，该系统比门捷列夫次年出版的系统更准确。但出于某种原因，该图表从未在完成的书中被找到。这可能看起来很残酷，但如果没发表，那就是没发表。正是这些小事，让迈耶只能在元素周期表和元素发现的书中一笔带过，而门捷列夫却成为接下来几章的主角。

门捷列夫的梦和一副扑克牌

"在一次梦中，我看到了一张图表，所有元素都各安其位。一觉醒来，我便立即将其写在一张纸上，之后只对一个地方做了改动。"1869年2月17日，星期一，据说门捷列夫告诉一位朋友，他是这样揭示元素之间的秘密联系的。他一边在办公桌前玩着一副写满63种元素的纸牌，一边不眠不休地思考了三个夜晚，后来，他终于抵抗不住困意，睡着了。

后来，有些作家认为，门捷列夫躺在沙发上睡了个短觉；而另一些作家认为，他只是注视着一副纸牌，在办公桌前打了个盹。这副纸牌就像他的一位老朋友，在去往俄国各地的火车上陪伴着他。梦将他带回到了工作上，似乎让他忘却了其他事——事实上，那天他正要去出差，行李箱已经备好了，放在门口，马车也已整装待发。车夫意识到，要把这个忘情工作的科学家准时送到火车站，看来是无望了。

这是关于门捷列夫发现元素周期的故事的通俗版本——这位聪明的科学家突然灵光一现，揭示了前所未知的真相。就像牛顿在苹果树下的故事一样，掉落的苹果启发他发现了万有引力定律；或者像做白日梦的阿尔伯特·爱因斯坦一样，他看着一个在屋顶上工作的人，不久之后就提出了相对论。人们很容易忽略的是，在这样的时刻到来之前，需要多年的沉思和高强度的工作。突破必然会在某个时刻到来，而人们也很容易夸大这一时刻的意义。对于35岁的门捷列夫来说，这种"尤里卡[①]时刻"的到来，正是因为他此前10到20年坚持不懈的研究。

"寒冷严峻"的出生

德米特里·伊万诺维奇·门捷列夫于1834年2月8日出生在西伯利亚的托博尔斯克（Tobolsk）。这座城市位于托博尔河与额尔齐斯河交汇之处，由哥萨克人在16世纪末建立，作为其征服乌拉尔山脉以东平原的基地。在19世纪30年代鄂木斯克成为西伯利亚首府之前，这里是西伯利亚的行政中心。从此以后，托博尔斯克便慢慢

---

① 希腊语中在发现某件事物、某个真相时使用的感叹词，典故出自阿基米德的浮力理论。

没落了。但在作为行政中心的几个世纪中，它不仅拥有一座在俄国被称为"克里姆林"[①]的城堡，还拥有诸多让邻近城镇羡慕的教堂。如今，托博尔斯克大约有10万居民，冬季的平均气温可达零下15到20摄氏度。

门捷列夫

门捷列夫是伊万·门捷列夫和玛丽亚的第十三个孩子（或第十七个，历史学家对此有分歧）。父亲伊万是镇上高中的校长，但因白内障而失明，在门捷列夫出生的同年，他失去了工作。为了养家糊口，玛丽亚重开了家庭玻璃作坊，直到1848年工厂被烧毁。

玛丽亚成了寡妇后，他们一家在托博尔斯克的生活变得十分艰难。她决定带着两个最小的孩子去西部，其中一个便是在她看来天资聪颖的门捷列夫。门捷列夫的成绩并不出众，他不喜欢死记硬背像拉丁语和古希腊语一样古老的语言。长途跋涉了两千多公里后，他们终于到达了莫斯科。不幸的是，他们的辛劳白白浪费了。门捷列夫在那里找不到上学的地方，玛丽亚带着孩子们继续往西走了七百公里，走到了当时的首都圣彼得堡。这一次，她的努力终于得到了回报。1850年，伊万·门捷列夫的一个故交帮助

---

① 区别于莫斯科的克里姆林宫，此处为"kreml"的原本之义，即"城市中心的堡垒"。

当时16岁的门捷列夫进入了父亲的母校俄罗斯国立师范大学学习。一个月后，母亲玛丽亚去世了，她完全不知道自己的儿子日后将会成为世界上最著名的科学家之一。

圣彼得堡师范大学与圣彼得堡大学几乎是一墙之隔。当时，圣彼得堡大学的几位教授会给门捷列夫和他的同学开设讲座。与这些知识渊博的教授的会面，燃起了年轻的门捷列夫内心的火花。除了必修的教育学，他还学习了生物学和物理学，但真正唤醒这位有抱负的科学家的学科是化学。1855年，他以优异的成绩毕业。然而，当时他的身体状况不太好，医生诊断他患有肺结核，只剩下几个月的生命。为了改善他的身体状况，他被派往南边，在气候温暖的黑海边从事教学工作。

克里米亚半岛上的辛菲罗波尔镇（Simferopol）和门捷列夫将去执教的镇上高中，都正在受到克里米亚战争的严重影响。于是，他开始在相对和平的敖德萨市（Odessa）教授数学和物理。在那里，门捷列夫打破了医生的预言，战胜了肺结核，仅用了一年时间就回到了圣彼得堡，担任圣彼得堡大学的化学讲师。在这里，门捷列夫展示了他的才能，并拿到了出国深造的奖学金。

门捷列夫选择了去海德堡大学进修。当时，罗伯特·本生和古斯塔夫·基尔霍夫正在那里潜心研发光谱仪，并寻找未知元素。门捷列夫在元素周期表方向的竞争对手洛萨·迈耶此时也和他一样，师从这两位当时的化学界权威。然而，这个情绪不太稳定的俄国人和本生根本处不来——实验室里的恶臭和噪音让门捷列夫很烦躁。据说，门捷列夫狂奔出了本生的实验室，摔门而去。门捷列夫的年龄比海德堡的其他进修生都要大一些，所以他认为学校的教学水平低得令人发指。门捷列夫就在宿舍里自建了一间实验室，在里面做酒精和水的实验——这正是他博士论文的部分内容。1860年，因为在化学界良好的形象和影响力，门捷列夫成为获邀参加卡尔斯鲁厄化学会议的五名俄国人之一。那次大会给26岁的门捷列夫留下了深刻的印象，他写下了热情洋溢的《致A. A. 沃斯克列辛斯基的一封信》。

可惜的是，门捷列夫没有钱继续留在德国，那间私人实验室让他负债累累。因此，他在1861年回到了圣彼得堡。但是，圣彼得堡的生活同样不易。那年暮秋，很多大学因学生的骚乱而被迫关闭，直到1863年才完全重新开放。在此期间，门捷列夫靠编写一本有机化学教科书谋生。此外，他还在该市的几所高中任教，并为财政部等机构做一些咨询工作。

其间，门捷列夫与费奥兹瓦·尼基蒂娜·莱斯乔娃（Feozva Nikititjna Lesjtjova）缔结了一段失败的婚姻。门捷列夫住在城里的公寓中，而费奥兹瓦和两个孩子则住在乡村庄园里。当门捷列夫想到庄园居住时，费奥兹瓦就离开乡下，住到城市里。

后来，圣彼得堡大学逐渐恢复了正常运作，门捷列夫的教科书成为化学课程的热门教材。1865年，门捷列夫被聘为化学教授。

1869年2月17日究竟发生了什么？

19世纪60年代末，门捷列夫已是俄国化学界的重要人物。他是首都大学教授，其关于酒精和水的博士论文经常被西欧的期刊引用。但在欧洲，他仍不是化学界的大明星，因为俄国在当时处于化学界的边缘地位。俄国在许多领域落后于欧洲其他国家几十年甚至上百年。例如，俄国的农奴制度直到1861年才被废除。门捷列夫致力于改善俄国的化学科学环境，希望可以帮助祖国实现现代化。他经常到农村向农民传授更好、更有效率的耕作方法。参观莫斯科北部特维尔（Tver）的乳制品合作社，这件事在元素周期表的历史上占据了重要地位。

那是1869年2月17日门捷列夫要去的地方。火车票已经订好，行李箱大概也已经准备好，或许马车也已经整装待发。对那天所发生的事，历史上有很多富有想象力的描述。1957年，一位苏联心理学家获得了整理门捷列夫档案的机会。在档案中，他发现了一封门捷列夫要去参观的乳制品合作社寄来的信。

这封信是为了确认门捷列夫的访问天数，但那天显然有别的事占据了门捷列夫的大脑。信的背面有茶或咖啡的痕迹，门捷列夫当时似乎并不在乎这些污渍，因为在如今已经干涸的茶渍或咖啡渍旁边，写着关于元素周期表的笔记。在这里，门捷列夫潦草地写下了一些元素符号和原子量差异的计算。之后，他在另一张纸上写下了这张表格：

F=19	Cl=35	Br=80	I=127
O=16	S=32	Se=79	Te=128
N=14	P=31	As=75	Sb=122
C=12	Si=28		Sn=118

如果将上述的表顺时针旋转90度，就可以看到与元素周期表相同的组合。带有元素符号和原子量的四横行各自形成一组，每行中的元素都具有相似的特性。门捷列夫并不是第一个发现氟、氯、溴和碘与其他元素反应时具有明显相似性的人——在1828年德贝莱纳的三元素组中也可以看到这一点。

　　1869年2月17日，那个周一的上午，耽误了门捷列夫去火车站的可能正是这四列数字之间的联系。如果从任意一列的最底部开始向上，就会看到原子量逐次增加（碲和碘例外，从128减到127，但很快我们会解释这个问题）。对于增加的幅度如此均匀（大部分原子量都是增加2到3），门捷列夫感到十分惊讶，他开始查验是否可以将更多的元素和元素组纳入其中。

　　门捷列夫在那段时间如此专注于解决元素归纳问题的原因非常实际。他将要去教授无机化学，并需要一本新教科书。当时所用的教材在卡尔斯鲁厄会议之后就再没有更新过。《化学原理》第一卷于1868年完成，但仅涉及了60种已知元素中的8种。

　　之前的那个周末，门捷列夫大概已经完成了第二卷的前两章，涵盖了所谓的"碱金属"——锂、钠、钾、铷和铯。问题是他不知道第三章该解决什么问题，也不知道如何编写书的剩余部分内容。一些化学史家认为，门捷列夫已经为该书的章节结构苦苦挣扎一段时间了，至少这是那个周一早上在他脑海中浮现的事情，事实上，这些问题本是他会在去参观特维尔乳制品合作社的12天里思考的。然而，一旦他在吃早餐时发现了元素周期性的踪迹，奶农就只是奶农了。

　　很难想象门捷列夫会在一天之内解决这个需要花费几天甚至

几周时间的复杂问题。大概是因为时间紧迫。当时，他必须专注且直切要点，而不是在一些不必要或离题的事上浪费时间。

门捷列夫以他对元素的博闻强识而闻名，他对每一种元素的重要知识点都熟稔于心——原子量，化学和物理性质，以及它们是如何与其他物质发生反应的。这些都是他通过多年的元素研究获得的知识。虽然当时也有几个开发元素周期系统的人，但这个俄国人最终实现突破，这并非巧合。在那天早晨，即使是门捷列夫这个拥有强大知识储备和记忆力的人，也同样需要一些帮助。

"我在不同的牌上写下元素的原子量和基本特性，并比较那些原子量彼此接近的元素，很快得出结论，元素的性质随着原子量增加呈周期性变化。"众所周知，门捷列夫喜欢玩纸牌，这是他在长途火车上打发时间的好方法。为了赢牌，他必须正确组织牌的花色和点数。也许可以使用相同的方法来摆放元素？他在每一张卡片上写下自己所知道的每种元素的所有信息，然后只需将卡片来回移动，寻找新的联系。据研究这些笔记的心理学家说，这个方法对于减轻记忆负荷和释放大脑容量以实现创造性发现，可能是至关重要的。

门捷列夫一边思考一边写下出现的最有趣的组合。存档的笔记表明，之前提到过的梦境显然有被美化的成分。"一觉醒来，我便立即将它们写在一张纸上，之后只对一个地方稍做了改动。"据说他是这么说的，但他的笔记中却有很多涂改和删减的痕迹。几乎没有迹象表明事实如他所说的那样，即一切在第一次尝试时就已经完备了。

中午前后，一个接一个的元素都在门捷列夫从早晨就开始研究的那张表中找到了自己的位置。或许，最后他睡了个短觉，或许他打了个盹，梦见剩下的卡片都各就其位了。无论做梦与否，至少他当晚就写了一篇短文去印刷，标题是"一次基于原子量和化学性质联系的元素系统尝试"。文章共印刷刊发了200份，其中50份是法文的，用于国际发表。

与此同时，门捷列夫的一位朋友在圣彼得堡读到了那篇著名的文章。当门捷列夫的同事们看到元素周期表时，主角门捷列夫本人正外出去农场检查乳制品。也许正是由于本人的缺席，人们在学校读到文章后没有进行太多的讨论。同年春天，这篇文章在德国杂志上发表后，也没有引起特别的关注。

当洛萨·迈耶看到一个与他1868年计划写入教科书的元素周期表很相似的系统时，他陷入了困境。这也掀起了一场关于是谁先研究出元素周期系统的论战。但当门捷列夫发表第一版元素周期表时，显然化学历史的撰写者便已经注定了。

傲慢与自负

在接下来的两年里，门捷列夫致力于完善他的元素周期表。他先将元素表旋转了90度。1871年，元素表发展成12行（周期）、8列（族），对于如今已经习惯了当下元素周期表的人来说，阅读这个元素周期表有些困难，但重要的知识点都已经清晰了。1869年春天，最重要的元素都已各就其位，这给当时与后世的人都留下了深刻的印象。此时，门捷列夫已经对他的元素系统十分自信，以至于他敢于声称某些既定的原子量一定是错误的，尤其是他还预测了当时未知的一些元素及其特性。

在1869年2月17日早餐期间的那份笔记中，人们可以看到在硅和锡之间，门捷列夫预留了一个空缺，在铝之后也有一个类似的问号。1869年春天，一篇德国文章写道："对更多新元素进行预测是可行的，例如某些类似于原子量分别为65（硅）和75（铝）的物质。"在随后的两年里，门捷列夫越来越确定这些物质的存在，对于它们的特质，他做出了详细的描述，并给它们起了名字：Eka-silisium和Eka-aluminium。"Eka"是梵文"一"的意思，所以"Eka-silisium"的大致意思是"硅之后的第一个"。而"Eka-aluminium"意思是"铝之后的第一个"。有一段时间，门捷列夫本人试图提炼这些元素，但并未成功。他将这些问题留给了其他化学家去探索，并给了他们应该关注哪些矿物的提示。尽管已经开始了完全不同的任务，但门捷列夫仍密切关注着欧洲其他地方发表的有关元素发现的文章。

让当时的化学家们感到钦佩的是，门捷列夫赋予了一些元素新的原子量。他并未对这些元素进行实验，而是基于自己制定的元素表的规律判断的，他对元素周期表的自信，远超对当时既定原子量的信任。元素周期表有利于解释化学元素之间的联系。例如，他非常确定地将钍和铀的原子量增加了一倍，这后来被证明是完全正确的，尽管铀后来被移到了另一个族中。

门捷列夫还坚持认为碲的重量一定是错误的，它的原子量显然比碘高，却排在碘之前。他并不是第一个发现碲的化学性质与氧、硫、硒相似，而碘与氟、氯、溴同族（即所谓的卤素）

的人。几位研究人员尝试降低碲的重量，却失败了。门捷列夫认为，可能他们对碘的测量是错误的。1899年，门捷列夫写道，周期表的规律表明"根据新的和更精确的测量方法，人们会发现碲的原子量比碘的原子量要低"。关于这一点，门捷列夫是错误的，但他坚持的碲和碘的排列顺序却是对的。

当然，门捷列夫不知道，决定元素在周期表中位置的并不是原子量，而是原子序数。原子序数表示在一个原子的原子核中有多少个质子，这两个变量在很多时候是成正比的。但碲和碘刚好属于少数的例外，镍和钴也是如此。

门捷列夫并没有因这例外的不规律而彻夜不眠，他如此信任自己的周期表，并认为这个问题最终会迎刃而解。因为铈和铟的例子便是如此，这两种元素也并不完美地适用于第一版元素周期表，但1870年秋天的一些实验证明了它们既定的原子量并不准确。

门捷列夫为什么能这么肯定？他只是比其他试图制作元素系统的人更自信而已，还是比他们对自己所做的了解得更多？现在，大多数科学史学家都指出，洛萨·迈耶其实同样走到了元素周期性这一步。根据几位历史学家的说法，迈耶在1870年提出的元素表比门捷列夫的更精准，他为金、汞、铊和铅都找到了更准确的位置。

迈耶承认，他的元素系统与门捷列夫已经发表的元素周期表基本相同，但如果目标只是荣誉的话，这样的承认并不是一种好的策略。不过，或许名誉并非迈耶首要追寻的，可能他只是希望门捷列夫和科学界接受一个事实——他也做了一些有价值的工作。与此同时，那些认为迈耶和其他探索元素周期系统的先驱者受到的关注过少的历史学家又提出，这个俄国人拥有稍许的优先权是完全合理的，因为门捷列夫首先发表了元素周期表，且在元素预测上更加大胆。一些人还认为，门捷列夫比其他任何人都更深入地研究了元素的秘密。这至少也是门捷列夫本人的想法，当迈耶试图告诉门捷列夫，自己也对一些重要的东西做出了贡献时，门捷列夫清楚地表达了这一点：

> 迈耶在我之前并没有想到周期律，在我之后，他也没添加任何东西。迈耶可能是第一个理解周期律浅层含义的德国人，但直到我的文章发表后，他才洞悉其内在含义。

洛萨·迈耶要谨慎得多，他只是做了暗示。迈耶承认，他在出版自己的元素表之前，读过门捷列夫的元素周期表，而门捷列夫却没有读过关于元素周期表的文章。对于后者，这多少有些言过其实了。19世纪60年代，门捷列夫经常旅行，多次访问欧洲的化学同仁，平时也密切关注研究文献，所以肯定了解化学界的学术动态。

1869年的一个脚注让门捷列夫陷入比较尴尬的境地。该脚注指出，门捷列夫曾被告知，威廉·奥德林的元素表与他的元素周期表相似。门捷列夫否认了这一点，他声称奥德林从未理解他的元素周期表的全部含义，也没有对其做任何完善。门捷列夫称，发表了元素周期表之后，他才看到奥德林的元素表。早些年，门捷列夫正是如此拒绝了那些想分一杯羹的化学家的所有尝试。虽然从现今的角度看，我们可以向尚古图斯、纽兰兹、奥德林、辛里奇和迈耶致敬，但要从元素周期表的历史中剔除门捷列夫，这是不可能的事情。

门捷列夫第一个声称这是有关自然规律的问题，周期性的重复如此有节奏，不可能是偶然的。相反，周期性可用于对单个元素进行假设，这些假设之后可以在实验室中用具体的实验来检测。正是如此，门捷列夫早在1870年就检验了铈和铟的原子量是错误的假设。当他声称铍的原子量必须约为9，而不是当时既定的13.5时，这成了整个欧洲实验室里测量和实验的目标。门捷列夫坚持认为，该元素的原子量是9的原因在于铍与镁、钙是同族元素，如果原子量是13.5，那么铍就不可能在元素表中有一席之地。直到1885年，这个问题才最终得到解决——门捷列夫是对的。长年不断的实验，最终使元素之间的联系日益加强。

对一切新事物的内在抵制，普遍存在于科学领域以及其他一切领域，这意味着周期系统需要很长时间才能成为课本中的内容。1869年、1870年和1871年，都没有发生化学革命，但显然时机已经成熟。19世纪60年代，五个不同国家曾研究开发元素周期系统，这个事实表明，1860年的卡尔斯鲁厄大会已经播下了一粒种子，它在某个时间必会盛开。19世纪70年代到80年代，具有"爱国性"的镓、钪和锗的出现表明，人们很难将门捷列夫的元素周期律视为"只是偶然的组合"。

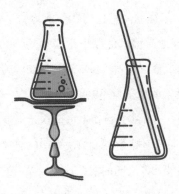

12

预测成真

在很多研究人员办公室的墙上、书架上或桌子上，悬挂着科学界典范的肖像。门捷列夫坚持认为，他不需要通过这些来帮助自己找到元素周期表。与其他人不同的是，门捷列夫挂的是三位坚定承认他天资的化学家的肖像。走入他的办公室，人们一眼便能看出谁才是他心目中的英雄。这三位化学家都是技术娴熟的科学家，但没有一个人的成就可以与门捷列夫相提并论。他们都比门捷列夫年轻，在其他研究机构中几乎没有获得荣誉职位。

这三个人的肖像被印刷在1889年门捷列夫所著的《化学原理》第五版中。在门捷列夫1869年预测镓、钪、锗必定存在之后的几十年里，正是这三位化学家发现了这三种元素。这些发现消除了大部分人对门捷列夫元素周期表的质疑。

早年，门捷列夫激进地为自己的元素周期表辩护。在挪威发生的事也许并不是他最关注的，但他很可能会对这种第一次向更广泛的受众提及元素系统的行为表示赞赏。这发生在1900年的《自然》（*Nature*）杂志上：

> 然而，对该系统的科学论证最有力和最确凿的证据是，后来发现的元素不仅适合预留的"空缺"，而且甚至连最小的细节都与门捷列夫数年前预测和准确描述的相符合。

1882年，迈耶和门捷列夫因创造元素周期表而获得伦敦皇家学会颁发的戴维奖章。这证明了元素周期系统在科学界得到了认可，而且当时的化学界也承认迈耶是元素周期系统发展的重要贡献者之一。事实上，门捷列夫对此并没有不认同，这表明多年来他可能变得更加大方了，更愿意与别人分享功劳。当年，两人第一次见面，迈耶充当了门捷列夫的英文翻译，他们互相称对方为好友。1889年，这个俄国人甚至赞扬了迈耶在20年前所做的一些工作：

> 洛萨·迈耶教授在他著名的文章中更详细地研究了同一主题，从而有助于传播有关周期律的信息。

获沙皇祝福的重婚者

也许是安娜·伊万诺夫娜·波波娃（Anna Ivanovna Popova）降服了门捷列夫，1877年，43岁的门捷列夫彻底爱上了这个十几岁的学生。经过两年的猛烈追求，门捷列夫向波波娃求婚，但被拒绝了，她的父亲甚至警告门捷列夫不要再靠近自己的女儿。出于安全考虑，波波娃的父亲将她送去了意大利。但门捷列夫追着她去了罗马，并再次求婚。他威胁波波娃，如果她拒绝，他就自杀。终于，他求婚成功了，但他必须先和当时的妻子离婚。

门捷列夫以大学的薪水作为离婚条件，费奥兹瓦同意了。1882年2月，教会批准他们离婚。为了安全起见，门捷列夫和波波娃将他们于1881年12月所生孩子的出生日期篡改为1882年春天。但问题远不止这些，俄国教会当时规定，从离婚到步入下一段婚姻，至少需要间隔七年。为了避开这个禁令，门捷列夫在1882年1月，也就是教会批准他与费奥兹瓦离婚的前一个月，用1万卢布贿赂了一位神父，让他和波波娃得以在教堂名正言顺地举行婚礼[①]。所以，门捷列夫的重婚状态持续了一个月，如果算上间隔期，那就是七年。

这对他的职业生涯毫无益处，他的反对者称他为重婚犯，他在俄国科学院也受到忽视和冷落。让他稍感安慰的或许是沙皇亚

[①] 当时俄国宗教法律规定，作为惩处，离婚后七年之内不能再婚。但门捷列夫在宗教法律里钻了空子——如果婚礼是在教堂举行的，那么教会就不能解除婚姻，因为这样的婚姻被认为是牢不可破的。

历山大三世对他比较宽容。当门捷列夫重婚案的文件放到沙皇桌子上时，亚历山大三世说出了那句著名的话："门捷列夫有两个妻子，但我只有一个门捷列夫。"

这个大胡子教授不仅在爱情上受到眷顾，他的元素周期系统也获得了一些新的成员，这使元素周期表比15年前更加强大了。或许正是这种确定性，让门捷列夫开始对洛萨·迈耶表现得友善。这些新成员并不是随机出现的三种元素，而是门捷列夫预测的钪、镓、锗。

高卢雄鸡式的骄傲

门捷列夫在1880年写道："我承认，在我还活着的时候，我没想到会有这么好的能证明周期性的证据……"他所说的证据，是指1875年从比利牛斯山脉（Pyrenees）的矿山中采来的一份矿物样本。此前，法国人保罗·埃米尔·勒科克·德·布瓦博德兰（Paul Émile Lecoq de Boisbaudran）在用光谱仪分析这块矿物时，看到了一些从未见过的颜色组合。

在19世纪80年代，布瓦博德兰最终成为一系列元素的发现者。1875年，尽管他以光谱仪的精通者这一身份为人熟知，但在元素周期性这个背景下，他仍是个门外汉。布瓦博德兰不隶属于任何主要的学术机构，但凭借家族的白兰地酒产业，他拥有比大多数化学家都要好的设备。最终，布瓦博德兰从4吨石头中提取了75克这种物质。作为一个真正的爱国者，他以法国的拉丁文名字"Gallia"将该物质命名为"Gallium"，即"镓"。一些恶意的评论称布瓦博德兰过分骄傲，因为"gallus"在拉丁语中意为"公鸡"[①]，这和他的法文名字"Lecoq"是同一个意思，但他本人坚决否认了这种联系。

布瓦博德兰在发表镓的发现时，声明该元素的原子量为69，这引起了在圣彼得堡仔细阅读欧洲化学期刊的门捷列夫的注意。这个法国人描述的原子量和其他几个属性，都可疑地与门捷列夫猜测的Eka-aluminium一致。这种新元素的密度是4.7，门捷列夫对此感到惊讶。因为在1871年，他自己曾预测这个位于铝之下的元素的密度是5.9。

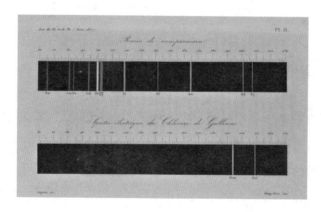

氯化镓的光谱

---

① 在拉丁语中，"gallus"（公鸡）和"Gallus"（高卢）是同一个意思。罗马帝国时代，法兰西被称为"高卢"，高卢雄鸡后来被视为法国的拟物化形象，象征勇敢、骄傲。

在调整自己的元素周期表之前，门捷列夫给布瓦博德兰写了一封信，信中建议他再次检验一番。据说，当时还不知道门捷列夫元素周期表的法国人先是表现出了敌对的姿态，担心门捷列夫会抢走本该属于他的荣誉。在科学期刊上进行了几轮斗鸡式的争论后，这位法国人同意进行新的分析，最后他得出了与门捷列夫预测的几乎相同的密度。

镓的熔点为30度，因此人们可以体验到一团镓在自己手中逐渐软化至熔化的感觉。大概当门捷列夫听到布瓦博德兰最新的计算时，他的心情也是如此："勒科克·德·布瓦博德兰，我现在有幸将他视为朋友。"他证实了门捷列夫的元素周期表是多么的坚固。

猜忌消散

当时仍然有很多化学家不知道元素周期表，瑞典人拉尔斯·弗雷德里克·尼尔松（Lars Fredrik Nilson）就是其中之一。他在19世纪70年代末从阿伦达尔（Arendal）运来的黑稀金矿中发现了一种新元素。这个南部城市或许可以因这一发现和元素的命名而获得些许荣誉。尼尔松根据斯堪的纳维亚（Skandinavia）之名，将这一新元素命名为"Scandium"，也就是"钪"，因为它是在那里被发现的。

尼尔松的一位同事比他更精通化学理论，他搜索了门捷列夫的预测，并将其与尼尔松对钪的描述进行了对比。不久之后，他从斯德哥尔摩往圣彼得堡寄了一封信。门捷列夫在1879年8月收到了这封信，里面有这样一段话："我很荣幸能告诉您，您的元素Eka-bor出现了，它叫作钪，是今年春天由尼尔松发现的。"

十年之内，门捷列夫元素系统中的两个空缺都被填补上了。这些元素与门捷列夫的预测惊人地相似，但他所认为的那个会最先出现的元素却迟迟未现。那个在硅与锡之间的空缺，是门捷列夫自认为最容易被填补上的地方。他的一些小实验都是针对发现这种所谓的Eka-silisium进行的，应该是一种原子量约为72.64的灰色金属，但他自己很快就放弃了，最终依赖于别人的帮助。1885年，一位矿工在德国萨克森州（Sachsen）的一座银矿中发现了一种有趣的矿石，将其送到弗莱堡（Freiburg）的克莱门斯·温克勒（ClemensWinkler）教授那里。分析样本时，温克勒很快发现这一矿石由75%的银和18%的硫组成，剩下的7%无法确定是什么。经过几个月的工作，他得到了一种灰色的金属粉末，这是一种原子量为72.32（如今官方数据是72.63）的新元素，这惊人地接近门捷列夫的预测。

历史学家们对温克勒究竟了解多少门捷列夫对元素的预测持有不同意见，但至少可以肯定的是，他并不是刻意寻找Eka-silisium的。一些人认为，他完全不知道门捷列夫、元素周期表以及Eka-silisium，是另一个在圣彼得堡做化学记者的德国人，让他知道了它们之间的联系。在宣布自己的发现时，温克勒根据罗马名字"莱茵河以东之国"（德国），提出将新元素命名为"Germanium"，即"锗"。法国人对此有些无奈，不过他们将"法国"写进元素周期表也才十年（元素Gallium是根据"法国"

而命名的），所以锗的命名很快就被大家接受了。

对于门捷列夫和元素周期表来说，锗是又一个有力证明。这甚至足以消除当时化学界仍然普遍存在的对门捷列夫元素表的疑惑和猜忌，有着盖棺定论之效。然而，研究人员和工程师需要很长时间才能将锗用于生产。1947年之前，每年生产的锗都不超过100公斤，但1947年后锗的产量突然跃升至150吨，原因在于新发明的晶体管，它是所有计算机和电子设备的基本部件。如今，硅是晶体管的主要成分，但最早它们是用锗制成的。

诸多"流产"的预测

保罗·埃米尔·勒科克·德·布瓦博德兰、拉尔斯·弗雷德里克·尼尔松和克莱门斯·温克勒是被写入1889年门捷列夫所著《化学原理》第五版的三个人，在门捷列夫办公室墙上的标题"那些证明周期律的人"之下挂着的肖像也正是他们。镓、钪，也许还有锗，都是由之前并不知道门捷列夫元素周期表的科学家发现的。当事实证明这些元素几乎完美地符合了门捷列夫的预测时，整个化学界为之惊叹。

后人对此也钦佩不已。人们无比仰慕那些自信勇敢的研究人员，他们几乎将所有的思考与研究成果都大方地公之于众。1919年，当一次日食证实了爱因斯坦的令人费解的相对论时，许多人也为之惊讶和震惊。如果这些预言没有成真，如果实验证明这些假设是错误的，那么爱因斯坦和门捷列夫将只是科学史上的笑柄。失败的预测（假设）案例，远比镓、钪和锗这些幸运的案例要多得多。也许正因如此，人们将受人尊敬的位置、特殊的位置留给了那些少数的成功者。洛萨·迈耶在一堆元素中看到了相同的周期律，但他讲得含糊不清，且只是暗示了它的用途；而门捷列夫明确果断，并且预测成功了。

Eka-aluminum、Eka-bor和Eka-silisium之箭准确射中了靶心——对镓、钪和锗的成功预测如此耀眼，门捷列夫预测的另一面（他也有许多错误预测）却鲜为人知也就容易理解了。对标靶进行彻底检查后，人们会发现有不少箭落在了靶心之外，有的甚至还脱靶了。在门捷列夫的余生中，他一直在根据新元素的发现和化学前沿的其他创新更新元素周期表。据说，他出版了多达三十个版本的元素周期表。此外，还有同样多版本的元素周期表止步于手稿，没有被发表。部分元素周期表中出现了对未知元素的预测。诚然，他对许多预测没有表现得像对镓、钪、锗的预测那样自信，但他也未曾料到他的命中率会这么低。

回顾门捷列夫的所有元素猜测，在那些他十分确信存在因而还为它们命名的元素中，命中率为50%。我们已经看到Eka-aluminium、Eka-bor和Eka-silisium是如何被确定的。Dvi-tellur，这个他以梵文"dvi-"和"tri"（分别表示"二"和"三"）作为前缀的元素，在1898年因钋（Polonium）的出现而被证实。而镓（Eka-tantal）、锝（Eka-mangan）、铼（Tri-mangan），以及1937年的钫（Dvi-cesium），都是在门捷列夫逝世后被发现的。

然而，八次命中的荣光被相同数量的失败破坏了。Eka-cerium、Eka-molybden、Eka-niob、Eka-kadmium、Eka-jod和

Eka-cesium从未被发现。甚至他一开始称之为x和y的那两种元素（它们应该比氢轻）也没有被发现。他想将第一种元素称为"Newtonium"，第二种元素称为"Coronium"，但都是错误的方向。或许作为一种辩解，我们可以说在做出这些预测之前，门捷列夫已年过六旬，也许他的分析能力早已不如1869年2月时那个35岁的年轻人那么敏锐。其中一些失败也可能归因于化学和物理学的新发现似乎威胁到他的工作，这让他感到绝望。

当时，元素周期表已不再是门捷列夫的主要工作。从1890年起，他便结束了在圣彼得堡大学的工作。其中一个故事版本是，他提出了辞职，因为他没有被选入科学院。而另一个故事版本则是，他因同情进步学生而遭到解雇。沙皇和俄国当局表示，如果大学不需要他，那么他们欢迎门捷列夫为他们效力。

在访问了美国宾夕法尼亚州，考察了石油业务后，门捷列夫协助开创了俄国的石油工业。此外，他还研究了乌拉尔山脉的采矿业，并试图为俄国海军开发无烟火药。从1893年直至1907年去世，他一直担任度量衡局的负责人，为俄国引入米制系统，并绘制了一张俄国地图，据说这是当时俄国最大、最详细的地图。

一路向北

门捷列夫定期更新教科书《化学原理》。这本书促成了俄国学校和高等教育机构尽早采用元素周期表。悠久而厚重的化学传统的缺失，使得这些新思想相对容易被接受。东欧部分地区和日本的社会情况也与之类似，这些地方都在建设新的学科专业环境。意大利也早早寻到了出路。1860年，卡尔斯鲁厄大会的英雄斯坦尼斯劳·坎尼扎罗的一位学生，为元素周期表被接受做出了巨大的贡献。

而德国、法国和英国的化学权威对元素周期表的接受度并不高，所以进展相对缓慢。在19世纪80年代，元素周期表主要在美国和中欧被接受，而在斯堪的纳维亚国家，它被接受的进程更为迟缓。在化学界一向具有权威性的瑞典，对理论化学并不是很感兴趣。瑞典的化学家更务实，主要致力于寻找可以为重要的采矿业带来利润回报的工作。化学科学落后的挪威，则比瑞典接受得更晚。

挪威的化学家主要受雇于药房，之后逐渐受雇于化学工业。1872年之前，挪威只有一位化学教授，他任职于克里斯蒂安尼亚大学（即今奥斯陆大学）。50年后，即使从事化学教学的人数上升到了7位（其中包括特隆赫姆挪威科技大学的四位教授），化学科学的土壤依旧贫瘠。甚至挪威第一次提及元素周期表都不是在专业的化学期刊上，而是在科普杂志《自然》上。

是的，事实上可以说，这种对未知化学元素存在的预测和对其物理以及化学性质的计算，是人类精神最优秀的创造之一……考虑到那些化学知识储备很少或没有化学知识储备的读者，我希望通过这篇小文章，对那些化学元素的基本特征做一次阐明。

以前的挪威高中教科书很少涉及元素周期表，也很少将其用作教学方法。《无机化学简明教材》（*Kortfattet lærebog i anorganisk chemie*）在1888年提到了元素周期表，但1914年教育部认为有必要指出，挪威高中化学课本中涉及的元素周期性过少，但这并没起多大的作用。几十年来，一本特定的化学教科书在教育系统中几乎占据了垄断地位，这本书的作者也不认为元素周期表有任何特别的教学意义。直到20世纪70年代，新版教科书才有了突破，这使得挪威高中生可以正确了解元素周期表。

一个名为norvegium的脚注

如果挪威在元素周期表中有自己的位置，那么元素周期表在挪威会更受欢迎。其实，这件事差点儿成真。在门捷列夫1880年发表的元素周期表概览中，他写了一个脚注，更具体说是"脚注三"，它被写在镉之后的位置上。在注释中，他提到元素norwegium有作为空缺处元素候选者的可能性，并写道：norwegium的符号为"Ng"，由达尔先生发现。

泰勒夫·达尔（Tellef Dahll）是达尔先生的全名，他出生在挪威克拉格勒。作为一名地质学家，他把整个国家作为自己的办公室。达尔是挪威第一次地图测绘的负责人之一。他在芬马克（Finnmark）发现了黄金，在维格斯内斯（Vigsnes）发现了铜，在塞尼亚岛（Senja）发现了镍，在安德亚岛（Andøya）发现了煤，在南瓦朗厄尔（Sør-Varanger）发现了铁矿石。在家乡克拉格勒附近，他发现了几乎将挪威置于元素周期表中的物质。他是这样描述的：

> 1878年底，我收到一小块铜镍样本，这个样本是在距斯克亚尔加登（Skjærgaarden）的克拉格勒0.75英里（1英里约等于1.609千米）的奥特罗（Oterø）地区被发现的。因此我被委派前去参观了该地。

达尔将10公斤石头从奥特罗带回实验室。他讲述了这种矿物经过粉碎、灼烧、与酸反应等一系列操作过程，最终得到了一种闪闪发光的白色金属，并带有"一点点刺眼的棕色"。达尔确信自己发现了一种新元素，并将其命名为"norvegium"，而不是门捷列夫所写的"norwegium"。

在当时一些有影响力的人的帮助下，达尔在法国和德国的杂志上发表了文章。有关该元素的新闻也出现在了大西洋两岸的几份科学出版物中。在其中最重要的期刊《自然》中，该新闻被醒目地刊登在一则有关勒内·笛卡尔（René Descartes）头骨的新闻之上。而当美国的两位完全独立的化学家认为他们也发现了该元素时，norvegium的新闻热度就更高了。

所以发生了什么？norvegium去哪了？这一发现从未直接被反驳过，但在令人兴奋的消息第一次出现后不久，它最终还是从化学科学的语境中消失了。遭受这种命运的并非只有norvegium。1877年至1879年，在法国和英国的化学杂志上出现的20种新元素中，有14种可以被称为是错误的信息。

2005年，克拉格勒本地报纸对诺贝尔奖获得者丹麦人尼尔斯·玻尔（Niels Bohr）发起了正面攻击，指责他是导致norvegium失踪的罪魁祸首。这件事据说发生于玻尔的同事在20世纪20年代发现72号元素铪（Hafnium）时。该报称，这个丹麦人一定知道该元素与泰勒夫·达尔对Norvegium的描述相同。这里，当地的爱国主义情绪大概已经占了上风，因为达尔描述的norvegium的特性，其实更类似于一种早已为人所知的元素铋。最终，2015年的一项调查证明达尔是错的。他认为的这种未知的元素Norvegium，实际上是一种由铋和镍（或者钴）组成的合金。

坦白地说，norvegium最多也就是元素周期表中的一个脚注。门捷列夫的元素周期表在整个19世纪80年代开始慢慢站稳了脚跟，并且从未需要以泰勒夫·达尔对挪威的致敬来证明它的实力。norvegium也并不构成威胁——它没有可以颠覆门捷列夫元素表的特征。这也许就是为什么只有挪威当地的报纸才会为norvigium的消失而感到惋惜。不管如何，我现在是带着一丝羡慕的心情踏上去瑞典一个小村庄的旅程，它比克拉格勒小镇要小得多，却拥有四种以它命名的元素。

13

元素之都伊特比

距斯德哥尔摩东北部仅半个多小时车程的雷萨勒岛（Resarö）的尽头，是元素周期表之都。这个说法可以说实至名归，没有其他地方能像这个地方一样，拥有最多的元素发现。在去往那里的路上，有一个蓝底白字路标，上面写着：您正在开车驶入伊特比（Ytterby）村庄，此时停下车拍一张照片才不枉此行。经过北欧赫赫有名的连锁超市ICA超市，沿着海岸线再往前开，是一条条根据元素周期表命名的分岔路：钽路、钇路，再往前还有铽路。这里游人稀少，可停放三四辆汽车的停车场就足以满足游客的停车需求，而这本该是瑞典的热门旅游景点之一。

这里没有挥舞着自拍杆的长队，没有纪念品商店，也不需要入场券。地方协会和政府居然还在斜坡上修建了台阶。几张镶框的海报显示，上面就是伊特比（Ytterby）采石场。在这个采石场发现了7种新元素（有些人认为有9种），其中有4种元素以这个地方命名：钇（Yttrium）、镱（Ytterbium）、铽（Terbium）和铒（Erbium）。这个地方很久之前就已经停止开采了，曾经发现了许多新元素的矿洞也已经被填平了。但对于一个元素爱好者来说，这片杂草丛生的山坡还是有些庄严神圣的。

当两种矿物变成16种元素

这个小而僻静的元素天堂的故事始于1787年。当时，一名中尉正在视察，评估是否有必要加固斯德哥尔摩群岛入口处的小山丘。这位军官对化学很感兴趣，当他发现一块异常重的黑色石头时，他的好奇心被激发了。当化学家们接触到这块长相奇特的石头时，他们同样会兴奋不已，并立即开始深入调查。

几年后，芬兰图尔库（芬兰当时是瑞典的一部分）的教授约翰·加多林（Johan Gadolin）认为，这种矿物含有"38%的某种未知元素"。在外行人看来，这意味着这种后来被命名为"硅铍钇"的矿物含有相当比例的未知元素。这种元素最终被命名为"Yttrium"（钇），而伊特比也因此在元素历史上留下了第一个足迹。科学家、建筑商和矿工纷纷涌向雷萨勒岛（属于斯德哥尔摩群岛）的东南端。1802年，钽在这里的一种矿物中被发现。可以说，以约翰·加多林命名的硅铍钇矿（Gadolinite），打开了伊特比新元素发现之门。

1843年，约翰·加多林和他的钇元素进入了瑞典元素收藏家卡尔·古斯塔夫·莫桑德（Carl Gustav Mosander）的显微镜下。莫桑德发现，在50年前加多林发现的钇元素样品中，实际上含有三种元素。他保留了对其中一部分元素的称呼——"钇"，且将另外两种元素命名为"铒"（Erbium）和"铽"（Terbium），它们也都是根据伊特比的矿山命名的。

将隐藏在伊特比的所有元素发掘出来是极其困难的。更难的是，莫桑德逝世后，铒和铽在无人照看的情况下被改了名称。19世纪下半叶出现的新设备和新方法，促进了对矿物的进一步分割。其中到底有什么？是铒和铽，还是铽和铒[①]，以及后来继续分离出来的镱、钬、钪、铥和镝？直到1906年，当科学家发现含镱的样品中还含有另一种元素（镥）时，对这块来自伊特比的成分丰富的石头的分割才宣告结束。

首先是镱，它显然与钇、铽、铒一样，是根据伊特比而命名的。那不妨根据元素命名来扩展一下地理知识。接下来的元素命名所参考的地点并没有离伊特比很远——"钬"（Holmium）来自斯德哥尔摩的拉丁文名字。然而，在接下来的元素命名，即对铥（Thulium，以图勒地区命名，为古代欧洲对世界极北之地的称呼）和钪（Scandium，以斯堪的纳维亚半岛命名）的命名上，瑞典人向他们的邻居张开了双臂。镝（Dysprosium）的命名来自

---

① 铒和铽后来分别被改名为铽和铒，即相互调换了名字。这是因为后来有个科学家在分析的过程中搞混了它们的名字。

希腊语中"难以找到"一词。从对这种元素的命名，我们可以猜测镝这种元素很难被发现和分离出来。最后是镥的发现，其名字"Litetium"来自拉丁语Lutetia（巴黎的前身）。最后这两种元素是拥有该矿物家族纯正血统的成员，但它们并非被认为是在伊特比"出生"和"长大"的[①]，也没有在雷萨勒岛杂草丛生的矿山周围这些耀眼的海报中被提及。

许多新元素纷纷涌现，在对伊特比历史的讲述中，很难避开"元素"这个话题。如果有什么东西可以让这种或许过于高光的历史显得稍微谦逊一些，那就是科学家们花费了一百多年时间来发现它们，即使是知识渊博的化学家也很难将它们区分开。阻止加多林对硅铍钇矿矿物进一步细分，导致他没有发现比钇更多的元素的原因，并不是技艺的拙劣，也不是专业知识的缺乏。随着科学器材的更新与完善，研究人员才能准确地分析相似且容易混淆的物质。

来自伊特比的大部分元素，已经从斯德哥尔摩外的一个小岛一路到了元素周期表外的一个小岛。它们是所谓的镧系元素，填充了通常独立位于其他元素之下的两排中的上一排。实际上，这些镧系元素应被排在56号钡元素和72号铪元素之间。但如果中间多出额外的14列，那么元素周期表几乎就会宽两倍，这样不便于阅读，也不太方便书籍和海报的排版印刷。

---

① 译者猜测大概是因为这两种元素虽然是在伊特比的矿物中被发现的，但或许出于某种原因，例如并不是由瑞典人发现的，对此文中并未详述，所以作者才会说镝和镥并不是纯正地在伊特比"出生"和"长大"的。

过去，这些元素被称为"稀土元素"。这个统称目前仍在使用，但它不准确。首先，它们并不罕见。此外，用"土"这个词来形容这些几乎与其他金属一样的物质显得过时。"稀土金属"会更精确一些。然而，更现代的称呼是"镧系元素"。之所以如此命名，是因为镧排在第一位。这无疑是很实用的，但这个称呼同时使该族群失去了曾经给19世纪研究人员带来的一些兴奋和神秘感。

　　如果我们不考虑直到1942年才发现的钷，那么一半的镧系元素似乎都来自伊特比的同一种矿物，这个矿物中的一个分支是约翰·加多林发现的钇。另一半镧系元素的情况也大致相同。这些元素最初都来自斯德哥尔摩以西20英里的里达希坦（Riddarhyttan）的一个矿物块。这个地区至少拥有与伊特比一样引以为豪的采矿传统，但在元素周期表中并不显著，因为没有元素以其命名。1804年，正是在里达希坦，永斯·雅各布·贝采利乌斯发现了铈。在20世纪来临前夕，又有6种元素加入了这个家族。卡尔·古斯塔夫·莫桑德推动了元素历史的发展。

　　和之前许多著名化学家一样，莫桑德也是一名药剂师。在斯德哥尔摩跟随贝采利乌斯学习期间，他的表现十分出彩，很快就接手了老师的几项任务。摩西神父——贝尔塞柳斯这样称呼他的这位同事——对那块让贝尔塞柳斯发现了第一个元素的旧矿物进行了彻底的分析。1839年，莫桑德发现了新元素Lantan（镧），它很好地隐藏在铈与其他一些成分相互混合的矿物中。同年稍晚，镧元素又出现在朗厄松峡湾一种新发现的矿物中，该矿物被命名为"Mosandritt"，以纪念莫桑德。

除了铈，贝采利乌斯并未在这块矿物中发现更多新元素。莫桑德怀疑在这份样本中还存在更多的新元素。而新元素究竟是什么，他守口如瓶，甚至对急切想要知道答案的贝采利乌斯也是如此。老师贝采利乌斯担心别人会赶超他们，因为他知道，在莫迪姆的蓝色颜料厂工作的另一位德国化学家也正在寻找同一种元素。

直到几年后的一次会议上，莫桑德才向他的斯堪的纳维亚同事们介绍了新元素镨钕（Didym），意为"孪生"。在莫桑德看来，这种物质是"镧的不可分割的孪生兄弟"。贝采利乌斯对这个名字并不满意，他对莫桑德未听从他的建议表示遗憾。一位德国化学家认为"Didym"这个名字过于幼稚，而且怀疑莫桑德对该元素的命名暗示了他本人和他双胞胎父亲的角色。但这些人无能为力，因为莫桑德此前已正式宣布了该元素的名字。

十几年后，其他科学家做了莫桑德在他那个时代所做的同样的事情——他们以崭新的眼光和方法开始了对一些旧矿物的测试。在1879年和1880年，他们在莫桑德认为是镨钕的元素中发现了钐（Samarium）和钆（Gadolinium），镨钕最终被证明并非单一元素。钐和钆是历史上首次以人的名字命名的两种元素，它们分别命名于瓦西里·萨马尔斯基和约翰·加多林。准确地说，其实两者是以它们被发现时所在的矿物命名的，这些矿物又以萨马尔斯基和加多林命名。

元素以加多林命名就不多说了，毕竟他独立发现了一种新元素。但应该考虑的是，为什么矿业官员萨马尔斯基会成为命名者？想想那些伟大的化学前辈和科学家，拉瓦锡在哪里？波义耳在哪里？卡文迪什、普里斯特利、戴维在哪里？贝采利乌斯在哪里？

瓦西里·萨马尔斯基-比霍维茨（Vassili Samarsky-Bykhovets）是一位俄国工程师和矿业官员。不可否认，他是一位了不起的人物——他既是沙皇政府的顾问，又是采矿工程团的团长，但他从未被称为伟大的科学家。由于在俄国采矿业的地位，他有机会接触和仔细研究一些岩石和矿物，这是世界各地研究人员都渴望的事情。最终，他获得了奖励——在元素周期表中获得了一席之地（钐，Samarium），成为第一个名字被用来命名化学元素的人。

过了六十多年，下一个以人名命名的元素锔（Curium）出现了，它被用来致敬玛丽和皮埃尔·居里夫妇。之后是以阿尔伯特·爱因斯坦命名的锿和以门捷列夫命名的钔。在这样一个集体中，人们很容易将钐视为最不值得被以人名命名的元素。

但木已成舟。比起对元素糟糕命名的不满，研究人员转而重新开始了对莫桑德心爱的镨钕的研究。检测是如此彻底，以至于他们摒弃了有关镨钕的一切。很快，他们就证明了镨钕并非是一种单一元素，而是一种由镨元素（Praseodym）和钕元素（Neodym）组成的混合物，于是，连"Didym"这个名字也彻底被摒弃了。因此，元素周期表中并没有Didym。但这并非不尊重莫桑德。镨和钕相邻地排在元素周期表的第五十九位和第六十位。"镨"的意思是"绿色的孪生兄弟"，"钕"的意思是"新的孪生兄弟"。

这个家族的最后一个继承者铕，由钐进行 β 衰变提取而来，被命名为"铕"（Europium）。该元素的命名是为了致敬欧洲。至此，两种矿物变成了16种元素和一对最终"死亡"的双胞胎。

杂草丛生的元素墓园

大约在1900年，一位英国化学家在总结他与稀土金属镧系元素的关系时，不禁感叹，这些元素一方面把科学家搞得晕头转向，一方面又让他们魂牵梦绕。"它们在我们面前像未知的大海一样延伸，它们嘲弄人，它们神秘，它们含糊不清地显示一些奇怪的启示和可能性。"那时，几代科学家长期与它们斗争，却找不到更多使用它们的方法。它们难以提取，也难以分离。

近年来，这种情况有所改善。在高度现代化的新技术背景下，曾经让这些元素变得如此复杂的原子结构，变得如黄金一样有价值。因此，对镧系元素的使用需求猛增，其价格也随之上涨。

伊特比矿场并没有赶上这股热潮。它从1933年起就停止了运营。二战之后，该矿场作为航空燃料站被重新使用了一段时间。25年后，国防工作人员发现，燃料因储藏在那些含有丰富元素的岩洞中而变质了。如今，那里只剩一小部分矿墙，人们可以触摸这些残留的墙体，感受元素的历史在手上滑过。除此之外，小丘上长满了草、灌木和一些小树，就像是一座为怀旧的热爱元素的游客而存在的墓园。

门捷列夫在研究镧系元素时也遇到了困难。1871年，在他发表的一版元素周期表中，他留下了五个疑问。钇和后来被证实并非单一元素的镨、钕是其中的两个。最后三个不确定之处后来被证明是铈、镧和铒，这些是仅有的几个被包含在门捷列夫元素周期表中的镧系元素。尽管镧系元素在接下来的30年里被大量发现，但就算是门捷列夫，也无法在元素表中为它们找到一个合适的位置。他不知道应将它们放在哪里，他大概认为，一旦科学家更好地了解了这些元素，问题便会迎刃而解。因此，镧系元素并没有折磨门捷列夫，令他彻夜不眠。19世纪末期，另一组在元素周期表中无处安置的元素出现了。正是这些发光的惰性气体张扬地闯入了化学世界，让门捷列夫彻夜难眠。

惰性气体

1868年8月19日早上，一群天文学家聚集在印度的贡土尔
（Guntur），焦急地关注着东方是否会出现有可能破坏这一重要
时刻的乌云。紧张的气氛显而易见，他们只有几分钟的时间来完
成这个需要他们跨越半个地球的测量和实验。一切都必须成功。
"每个人都坚守在岗位上，观察随即开始。一些薄云从太阳前面
经过……但当日全食临近的那一刻，天空又变得晴朗无云了。"

就在门捷列夫在圣彼得堡获得关于元素周期律的启示的半年
前，全球科学界的目光都投向了印度。探险队们从欧洲出发，沿
着漫长的海路赶往印度，船上满载着最先进的望远镜和当时天文
学家也开始使用的光谱仪。他们试图用这些设备探索太阳周围的

大气是由什么构成的。而这只有当月亮遮住太阳光时才有可能看到。1868年8月的日全食发生在英属印度的上空。在太阳完全被月亮遮挡住的那一会儿，科学家们捕捉到了关于某组元素的第一个迹象。这些元素让门捷列夫在几十年后头疼不已。

一位业余天文学家"发现"氦

法国贡土尔探险队的领队皮埃尔·朱尔·塞萨尔·让森（Pierre Jules César Janssen）在科学界获得一席之地，对他来说，过程并不容易。他活跃在巴黎科学界的边缘，几乎可以被称为业余天文学家。让森的主业是银行职员和私人家庭教师，业余时间学习和研究星星。除此之外，他还一直忙着在屋顶上建造一架望远镜。他是最早将望远镜和光谱仪结合使用的人之一，这种尝试让科研者能够远距离研究色彩线谱，而不用再被困在实验室里。

幸运的是，让森在科研圈里有一位贵人。在这位贵人的提携下，让森有机会参与了世界各地的探险。他访问过秘鲁、亚速尔群岛、日本和阿尔及利亚。从他妻子的信件来看，她认为让森的旅行虽然过于频繁，却给了他一些期待已久的社会地位，并让他顺利成为1868年印度探险队的领队。

天文学家和他们的助手带着望远镜和光谱仪抵达印度后，不得不马上寻找一个不受雨季天气影响的地方来放置这些设备。在8月18日早上，如果有持续六分钟的多云天气，整个行程就会被破坏。经过深思熟虑之后，让森选择了贡土尔市，这个城市距离孟加拉湾海岸仅6英里多，那里的棉花产业在美国内战时期盛极一时，但美国内战结束后，美国的棉花产业迅速复苏，对印度的竞争者造成了越来越大的威胁。此外，这座城市最广为人知的是一场将法国人赶出印度的战役。

一位在贡土尔做生意的法国商人同意让森在他的屋顶上安装设备——他的房子距离英国最大的探险队仅1公里。安装好设备后，让森要做的便只是等待，并祈祷天空万里无云。万幸的是，云层及时消散了，望远镜和光谱仪最终能在日全食出现的短短几分钟内高效运作。他们的目标是太阳大气层，闪亮的日冕和色球层从遮住太阳的月亮后面发射光芒。

正是这个时刻使让森获得了荣誉，因为他在太阳上发现了一种新元素。他在光谱仪中看到了一条后来被证明是氦的光线条纹。然而，这并不是他写在寄回巴黎的信中的内容——他似乎对这些特定的条纹并不是特别感兴趣。于是，让森没有把望远镜收起来，而是在第二天进行了同样的实验。而此次印度之行的其他探险者，日全食一结束全都收拾行李，整理设备，准备打道回府。

让森在第二天早上所看到的，对他和他在巴黎的同事来说都至关重要。当让森通过光谱仪观察日全食现象消失后的太阳时，他看到了与日全食出现时相同的光线条纹。这证明，其实根本就没必要去印度观测日全食。仔细阅读过让森信件的人都会发现，他没有提到任何有关新元素的蛛丝马迹。在9月19日寄往巴黎的报告中，让森强调的是他在日全食后的第二天对某项发现的兴奋之情——就算没有日全食，光谱仪也能很好地捕捉到相同的条纹。

另一位业余天文学家"发现"氦

在喜讯漂洋过海传回欧洲的同时，其他人也有着与让森同样的思考。英国天文学家约瑟夫·诺曼·洛克耶（Joseph Norman Lockyer）和让森一样，处于科学界的边缘。洛克耶在伦敦的陆军部工作，但他花在大英博物馆阅览室的时间更多。在阅览室里，他能随时了解科学新闻，尤其是与天文学有关的新闻。借着自己花园里的望远镜，洛克耶有不少引起学术界注意的发现。1868年夏天，当大多数天文学家都将注意力聚集在印度时，洛克耶正在瑞士一家疗养院休养。当年10月，他回到伦敦，开始使用全新的光谱仪。

10月20日早上，在去上班之前，洛克耶看到了一些给他带来荣誉的颜色条纹，这些条纹随后被证明是氦。他看到了一条他认为是氢的红线和一条蓝线，另外还有一条黄线——正是氦的特征。洛克耶赶紧写了一份报告。信件穿越英吉利海峡，寄给了他在巴黎的一位朋友。信中，洛克耶询问朋友是否可以替自己在法国科学院宣读这份报告。这封信于10月26日送达巴黎，正好赶上了当天召开的巴黎科学院会议。

同样，让森也从印度向巴黎寄了报告。会议先后宣读了这两份事实上是对同一发现的描述报告。但是在1868年10月的这个晚上，天文学精英们并没有听到任何有关新元素的消息。会议宣布的是，让森和洛克耶都发现了一种新方法，即他们是一种观察日珥的新方法的发现者。日珥出现在太阳边缘区域，比太阳面更亮，在让森和洛克耶之前，人们认为日珥只有在日全食期间才可见。他们两人对共享荣誉没有异议，也没有在这个时间点尝试申请成为新元素的发现者。

尽管如此，在大多数百科全书和科学期刊中，人们都认为是让森和洛克耶于1868年发现了太阳上的氦。几十年后，当氦在地球上被发现时，这两位业余天文学家发现氦的故事版本已经形成。有没有一个折中的解决方法？譬如氦被发现了两次，一次是由天文学家发现的，一次是由化学家发现的？那些严谨的写作者将让森剔除出了氦的历史，仅保留了洛克耶。

洛克耶根据希腊太阳神赫利俄斯（Helios），提出了"helium"这个名字。也许在次年，即1869年，洛克耶便已倾向于认为，自己发现的可能是一个新的未知元素。他声称，他赋予这个可能的元素一个名字，只是为了方便自己的实验。直到19世纪70年代中后期，洛克耶才公开使用"helium"这个名称。在此之前，他更愿意使用一些较为模糊的称呼。不过在1871年，一位研究人员在爱丁堡举行的科学院会议上提到了"helium"这个名字，从那以后似乎就木已成舟了。洛克耶和他的同事也只能接受随之而来的那些他们本不该接受的批评和嘲笑。

在接下来的20年里，氦仍被视为一种假设的元素，大多数人都怀疑它的存在，甚至经常拿它开玩笑。当研究人员发现某种意外或某些莫名其妙的东西时，他们就会开玩笑地说："这是氦。"这些嘲讽无疑将氦推入了一个更糟糕的境地。在这样的境况下，天文学家用光谱仪在天空中寻找新元素，于是出现了"nebulium""coronium""asterium"和类似"orioniumd"等"新元素"名字。这些元素不仅从未得到证实，更将氦置于更为不利的处境中。只要它没有在地球上被观测到，只要在光谱仪中无法看到它除了黄色条纹之外的其他特征，那氦就一直不可能被证实。

一位意大利天文学家声称自己在1881年维苏威火山（Vesuv）喷发期间发现了氦气。实际上，他观察到的不太可能是氦气，但也不是完全不可能。火山爆发时偶尔会喷出一点氦气，遗憾的是，这位意大利人无法捕捉这种气体，也没有做好记录。

氦气的命运悬而未决，它也没有从门捷列夫那里得到些许帮助。门捷列夫对氦的存在高度怀疑，即使算不上完全抵触，他也没有费心尝试在自己的元素周期表中为这样一个元素找到一种位置。这位俄国人确信，在光谱仪中看到的线条源于一种已知元素，只是这种元素被暴露在了有些特殊的环境下，即离太阳很近。

氦的最终确认与门捷列夫的反抗

天文学家与氦的纠缠到此结束。如今看来，他们已经无能为力。此时，英国化学家威廉·拉姆齐（William Ramsay）接手了这个难题。1894年，他和一位同事（物理学家约翰·斯特拉特）发现空气中有一种未知的气体，并将其称为"argon"，即"氩气"。"argon"在希腊语中意为"懒惰的"或"缓慢的"，因为这种气体不易与其他物质发生化学反应。

一开始，拉姆齐认为氩气是三种气体的混合物，他和同事想将这三种气体分别称为"anglium""scotium"和"hibernium"。后来，他觉得这样取名有些不妥。因为这三个名字分别对应罗马人对英格兰、苏格兰和爱尔兰的称呼。经过进一步的调查，他们最终确定这只是一种单一元素，而且它在元素表中应该排在氩的后面。唯一的问题是，当时的元素表中没有可放置氩的位置。因此，拉姆齐为自己给同事们带来了难题而深感歉意。

很多人对氩气持怀疑态度，尤其是门捷列夫。拉姆齐后来说，自己当时对氩在元素周期表中的位置产生了好奇。与拉姆齐的好奇心相比，门捷列夫则是另一番感受。在门捷列夫眼中，这种气体对他的元素表构成了极大的威胁。在一个根据元素大致相同的性质而对其进行分类的系统中，是没有这样一个不能与其他元素形成联系的元素的位置的，也就是说，它所具有的最重要的特征并不匹配其他元素的特性。

此外，如果将氩排在氯之后，氩的原子量就会大于下一种元素钾的原子量，在这种情况下，门捷列夫将面临一个新的问题，即需要重新评估钴、镍和碲、碘的位置。这种情况对他来说难以接受，因此，门捷列夫选择否定这个发现，因为这根本不只是一个新元素的问题。1895年2月，他向拉姆齐发了一封讽刺的祝贺电报："祝贺你发现了氩，但我认为氩分子只是高温下三个氮原子的结合。"这个俄国人不知道，更大的问题已经在拉姆齐的实验室里产生了。

威廉·拉姆齐想更好地了解新发现的氩气，他想百分百确定氩气并不是由其他物质组成的。正因为如此，他成了像是在沙漠中游荡的氦的救星。美国人在含铀矿物中发现了一种神秘气体的谣言，给了拉姆齐进行新实验的灵感。

就在门捷列夫发出讽刺电报的一个月后，拉姆齐在给妻子的信中写道："我觉得我发现了一种新气体。"他将这种他曾希望是氪气的新气体暂时取名为"krypton"，意为"隐藏的"，并给光谱仪专家寄了一份样本进行评估。几天后，拉姆齐便得到了回复，光谱仪上显示出了那条独特的黄色条纹，和洛克耶在太阳周围看到的一样，这正是他几十年来一直试图确认的东西。氦再一次被发现了，或者说真正被发现了。3月底，拉姆齐向巴黎化学权威机构报告了有关氦的发现。

仅仅两周后，法国人也收到了来自瑞典的急件。在瑞典，皮·特奥多尔·克利夫（Per Teodor Cleve）让他的学生仔细研究一块矿物。在这块来自挪威东福尔郡卡尔胡斯地区的矿物中，这个学生发现了同样的气体。"氦在地球上的存在因此被证明了。"克利夫在4月底一份更全面的报告中这样写道。

克利夫和他的学生并没有跟进有关氦的调查，而且他们似乎从未声称要与拉姆齐共享荣誉。尽管如此，将这两个瑞典人称为"氦的独立发现者"的说法并不罕见。1904年，拉姆齐在斯德哥尔摩获得诺贝尔奖后，在致谢中以同样友好的方式向让森、洛克耶以及这两个瑞典人致敬。不过，其他人对氦的发现的评估要严格得多，一位丹麦科学历史学家写道："克利夫所做的唯一的事，就是分派了任务给他的学生，而且两人想必也知道当时英国有关氦的消息。"他认为让森在历史书籍中无迹可寻，那么否定他的位置几乎也无关紧要。洛克耶是早期"发现者"中唯一一个往氦可能是一种元素方向推测的人，而且"helium"（氦）这个名字也是他取的。

让森和洛克耶的故事太过精彩了，以至于很难将他们从历史上抹掉。科学史总是喜欢那些灵光乍现的时刻，而法国人让森的印度之行刚好与之契合。此外，那两封同一天到达巴黎的内容相同的信件，很可能也会被永载于化学史册。可以确定的是，威廉·拉姆齐是第一个分离出氦的人。我们不妨将视野扩大一些，即科学不仅仅涉及名望和个人野心，让森和洛克耶也为这个伟大的共同项目做出了贡献，让人们更好地了解世界。

惰性气体的融入与门捷列夫的欢呼

在此之前，门捷列夫没有认真考虑过氦在元素周期表中的位置，但如今他已经没有退路，无法继续无视它了。据说在1895年秋天，他与拉姆齐在伦敦会面时讨论了氩气，肯定也谈到了氦气。在门捷列夫向俄国有关机构报告进展甚微时，其他化学家已经建议在元素表右侧添加一个全新的列。拉姆齐一定也想过这个，因为他开始有目的地寻找原子量可以排在氦气和氩气之间以及氩气下方的气体。他和一个年轻的助手四处探寻，收集了一些可能会提供些许线索的矿物。在实施那个耗时较长的实验（历经冬春两季）之前，他们去了冰岛和比利牛斯山脉。当1898年元素发现大爆发时，三个月内便出现了三种新元素。

5月，他们发现了krypton（意为"隐藏的"），即氪。6月，拉姆齐的儿子被允许为这个气体家庭的最新成员取名，年轻的威廉·乔治（William George）建议用拉丁语中的"novum"（意为"新的"），但拉姆齐更喜欢希腊语中的"neon"（意为"新的"），即"氖"。7月，氙（Xenon，意为"陌生的"）被发现。此时，人们已经不可能继续忽视这组新的元素，甚至连门捷列夫也不得不意识到，这些元素应该拥有自己的生命权了。

据说1900年秋天两人在柏林会晤时，拉姆齐首先提出应该在元素周期表最右边建立一个新队列。尽管有一些反对的声音，但该提议最终被采纳了。门捷列夫此时已转变了态度。在与拉姆齐达成一致后，门捷列夫兴奋地喊道："这对他来说是极其重要的，因为在元素周期表中确认了他的那些新元素的位置。而对我来说，这很好地证明了元素周期表的普适性。"

当时的最后一种惰性气体氡（radon）能在元素周期表中占据一席之地，威廉·拉姆齐也做出了贡献。1910年，拉姆齐设法分离出了这种气体，并确定了其原子量，发现它位于氙的下方。其实早在十年前，继发现放射性元素镭和钋之后，氡就被发现了。

除了吸烟，氡可能是导致肺癌的最重要原因。挪威辐射保护局估计，挪威每年有300人死于氡导致的疾病。对人体造成伤害的并不是气体本身。作为一种惰性气体，氡很难与其他分子的化合物产生反应，也不容易在人体内发生反应。危险的是这种元素的放射性，这意味着元素会分解，当这种情况发生时，一些可能对人体细胞造成危害的小颗粒会被释放出来。

氖——新事物的象征

当化学家们试图掌控氡气时，其他的惰性气体已经开始了征服实验室外的世界之旅。1913年的一天，一块鲜红的仙山露酒广告牌格外引人注目，点亮了巴黎的香榭丽舍大街。其光源是一个充满氖气的管子，管子可做成各种形状，当它通电时，就会呈现出一番神奇的景象。很快，就有很多人想用这些吸引眼球的灯来招揽顾客。

氖气以希腊语中的"崭新"一词命名，并很快成为新事物的象征。在20世纪二三十年代，发光的广告标志成为大都市的重要特征。每种惰性气体在灯中都有其独特的颜色。由于氖（neon）是第一种被用于此的气体，这些灯就被称为"neonlys"，即"霓虹灯"。这些惰性气体还可以与其他气体混合，以任何可以想象的颜色进行宣传和吸引顾客。

惰性气体像霓虹灯一样，挂在元素周期表的最右侧，自成一列。它们像一个特殊的群体，最喜欢独处，只有在严格的化学条件下，它们才会被迫与其他元素发生反应。这是因为它们原子的最外层电子数已达到饱和状态，与其他大多数元素的原子不同，它们既不需要，也不想交换电子。

这些惰性气体并不知道，其他所有元素追求的正是它们这种天堂般饱和的和谐状态。其他元素都会借用、拿走或分享彼此的电子，使最外层拥有饱和完整的电子数，以达到幸福的状态。但究竟什么是幸福？对一些元素来说，幸福可能是一种和谐的状态；而对另一些元素来说，幸福可能是一种活力。原子的幸福，也可能存在于各元素在不断相互反应时所体验到的生命力和活力中。

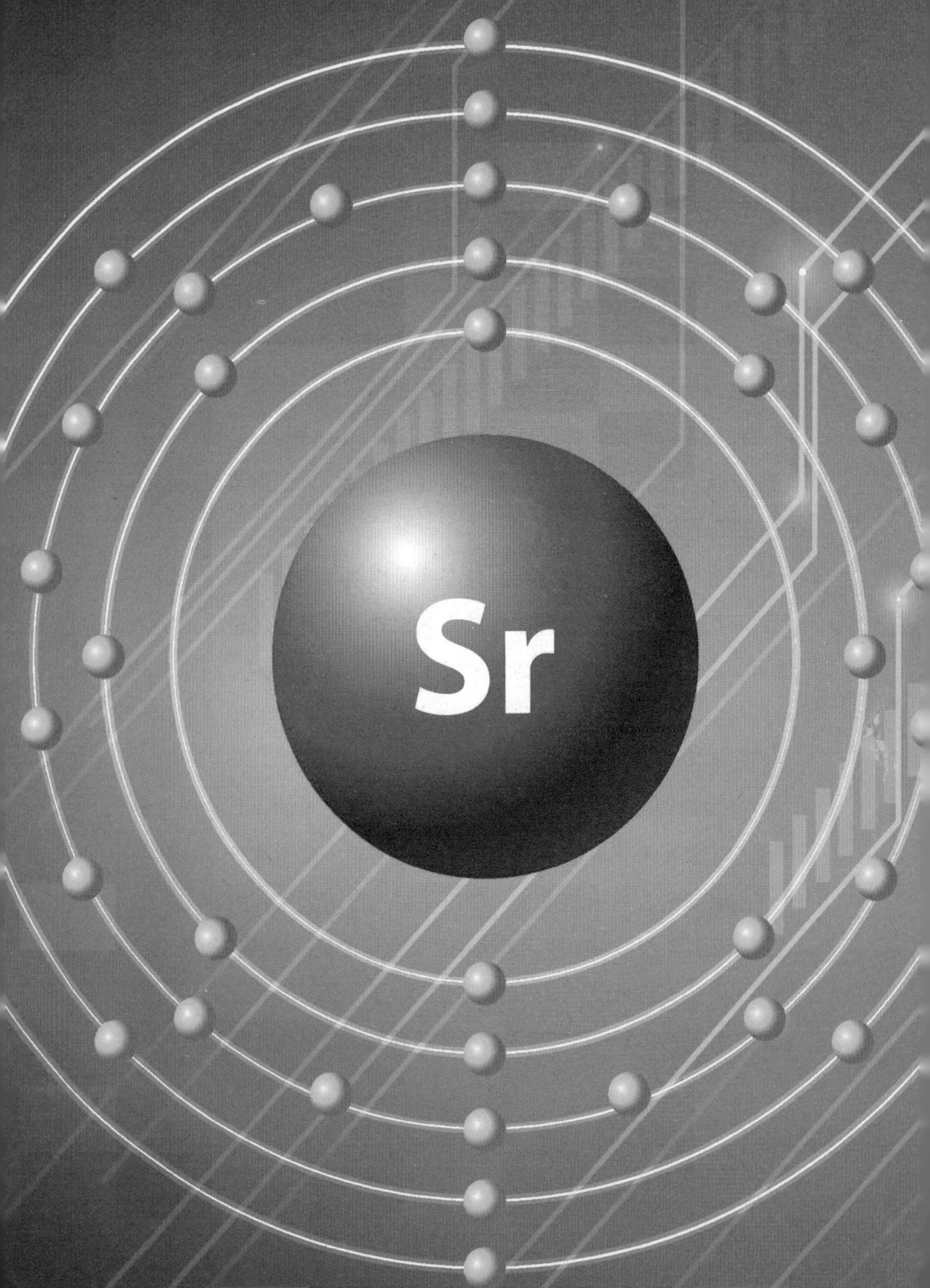
Sr

15

玛丽·居里和致命的放射性

"在没有更好的设备的情况下，我们搬进了一个废弃的棚屋，这里以前是医学生的解剖室。玻璃屋顶漏雨，夏天酷热难耐，冬天寒冷刺骨，只有靠壁炉取暖才能获得一点温暖。像其他化学家那样，拥有专业的实验设备是不可能的事情，我们只有一张破旧的松木桌、几个炉台和气灯。我们不得不在外面的院子里进行化学实验，在那里，我们制造出了一些有毒气体，它们经常充满我们的棚子。但正是用这些设备，我们开始了艰苦的工作。"

玛丽·居里大致这样描述了她和丈夫皮埃尔即将开始的为期近四年的镭的分离和提炼任务。他们已经证实了镭元素的存在。她接着写道："然而，正是在这样一个破败的旧棚子里，

居里夫妇

我们度过了一生中最快乐的时光，我们每天都把时间花在了工作上。"

1867年，玛丽·斯克沃多夫斯卡（Marie Sklodowska）出生在波兰华沙。当时波兰处于俄国、奥地利和普鲁士三国瓜分之下。寻求自由的波兰人多次发起反抗，却遭到沙皇俄国的严厉镇压。在俄国的统治之下，女性接受高等教育并不现实。这个对知识充满渴望的教师的女儿不得不自学，并在一所每天需要更换教室地址的非法夜校上课。

玛丽和姐姐一起制订了前往巴黎接受高等教育的计划。姐姐先去了巴黎，而玛丽则作为家庭教师工作了八年，一方面为了资助在国外的姐姐，另一方面为自己的深造攒钱。1891年，玛丽如愿前往法国，并进入索邦大学（如今的巴黎大学）学习。她计划在完成学业后返回波兰。其间，她遇到了比她大八岁的物理学家皮埃尔·居里（Pierre Curie），一个热爱科学、志同道合的男人。两人于1895年低调结婚。

皮埃尔当时已是一位屡获殊荣的研究人员，但直到与玛丽合作，科学工作才打开局面，奖项也纷至沓来。1897年，玛丽生完第一个孩子，就全身心投入到对新发现的贝克勒尔射线的研究中。最初，这是她博士论文的主题，后来，研究放射性物质成了她余生的选择，并给她带来了比丈夫更多的荣誉。就在前一年，亨利·贝克勒尔（Henri Becquerel）已经证明，铀盐发出的辐射与磷等物质发出的荧光不同，他将这些辐射称为铀射线，并指出它们与新发现的X射线也不同。但贝克勒尔的发现远没有揭示骨骼图像的X射线被发现时那么轰动、受人关注。

玛丽·居里很快发现，带有辐射的不仅仅有铀，钍也有这种她称之为"放射性"的现象。更让人意外的是，她发现铀矿物的放射性比纯铀的放射性高得多。她写道："这至关重要，而且表明这些矿石可能含有一种比铀更活跃的元素。"皮埃尔放下了手里的工作，加入了玛丽的研究。最终，他们于1898年7月宣布发现了新元素钋（Polonium）。

钋的命名，是玛丽对当时仍处于他国占领下的波兰（Polen）的爱的宣言。或许是为了引起人们对波兰人民长期的民族斗争的关注，这是历史上第一个以政治因素命名的元素。最终，波兰于1918年获得独立。

钋的放射性是铀的400倍，极其危险。此外，钋还因在2006年夺走了俄罗斯联邦安全局前官员亚历山大·利特维年科（Aleksandr Litvinenko）的生命而闻名。

几个月后，居里夫妇宣布了下一种元素的发现，并将之命名为"镭"（Radium）。这种物质同样极其危险，它的放射性是铀的900倍。"Radium"这个名字来自拉丁文"radius"，意为"射线""光束"。

镭很快在自己的右侧找到了另一束"光"。这次是使用希腊语"aktinos"（同样意为"射线"）的时候了，这种新元素被称为"Actinium"（锕）。锕是由居里夫妇的法国化学家朋友安德烈·路易·德比埃尔内（André-Louis Debierne），在居里夫妇发现镭后所剩的铀矿渣中发现的。三年后，德国人也发现了锕。从此，关于谁是锕的真正发现者的争论一直存在，但至少"Actinium"（锕）这个名字是法国人取的。

诺贝尔奖和悲惨的交通事故

发现镭后，玛丽·居里又开始了一项新的、更艰巨的任务。她并不满足于只是证明了镭的存在，她还想将镭提炼分离出来。因此，她需要大量矿石。奥地利皇帝从位于今捷克共和国的矿山中送了一批矿石给她。玛丽·居里一次处理了20公斤矿石，每一部分矿石都经过研磨、溶解、过滤、沉淀、收集、再次溶解、结晶和再结晶。这一切都是在皮埃尔所在学院后院的一间狭小而简陋的实验室里完成的。玛丽承担了这项工序多、需要研磨矿石的繁重工作。经过三年多的辛勤工作，她提炼出了几粒氯化镭。

尽管这样的体力活很辛苦，玛丽和皮埃尔在实验室里却很开心。对他们来说，研究几乎意味着一切。当分离的镭最终被提取出来的时候，有相关记载描述了他们的快乐。

女儿伊雷娜回忆：皮埃尔曾经说过，他希望镭有美丽的颜色。于是，玛丽把珍贵的氯化镭颗粒装进了小小的玻璃容器中，在架子和桌子上，它们就像在黑暗中自由飘浮的精灵一样，发出蓝色的磷光。

1903年，玛丽·居里夫妇与亨利·贝克勒尔一起获得了诺贝尔物理学奖。贝克勒尔获奖是因为他发现了放射性，皮埃尔和玛丽获奖是因为他们对放射性现象所做的研究。法国科学院的获奖提名中实际上并没有玛丽，但当时瑞典诺贝尔委员会中一位特别关照女性的成员秘密通知了皮埃尔，皮埃尔坚持认为，他的妻子也必须在获奖名单内。

诺贝尔奖带来了更多的机遇。皮埃尔得到了一个更有声望的教授职位，而玛丽也得到了一份固定的工作，有固定的薪水，甚至还有一个头衔——实验室负责人。但好景不长，1906年，皮埃尔遭遇车祸，当场死亡。"居里的死，对科学界来说是一个可怕的损失。"《柳叶刀》医学杂志写道。该杂志也将慰问传达给了这位元素发现者的遗孀，因为"她长期、耐心和竭力的研究，离不开丈夫良好的指导"。玛丽·居里比他们所描述的更加独立坚强，她独自领导了进一步的研究。她继承了丈夫的教授职位，仅仅五年后，又获得诺贝尔化学奖。玛丽因此成为第一个获得不同学科诺贝尔奖的人。

镭在医疗方面的运用可以追溯到1901年，这种物质在抗癌领域发挥了重要作用，想想挪威奥斯陆专门的癌症医院的名称（Radium hospitalet）就足以知道它的作用了。在1932年开业时，该医院从玛丽·居里那里获得了少量的镭。镭已不再被用于挪威的医疗领域，部分原因是它存在致癌的风险。如今，医学工作人员比20世纪初要谨慎得多。20世纪初，你可以买到诸如含镭黄油、含镭雪茄、含镭啤酒、含镭巧克力、含镭牙膏和含镭避孕套等商品。人们对镭能有多大的益处，或者它能驱散多少恶疾了解得并不多。

直到20世纪30年代，人们才认真地意识到镭可能会产生的严重危害。在镭热潮的影响下，历史上发生了所谓的"镭女孩"的故事。在美国新泽西州的一家制表厂，女工们需要在表盘上涂上镭，使其发光，为了防止笔刷变干，她们被建议时不时用舌头舔笔刷尖。最终，许多人生病，其中一些人甚至死亡。雇主最初声称，死亡是由梅毒引起的，但在法院的一轮审理后，雇主被强制向受伤的妇女支付赔偿金。

对于镭的危险性，玛丽·居里想必是知道的。亨利·贝克勒尔和皮埃尔·居里很早就注意到放射性物质对皮肤的影响，但这未能阻止玛丽将余生都倾注在对镭的研究上。在她1909年创立的镭研究所中，玛丽度过了剩下的岁月。她对研究与发现的渴望如此强烈，以至于所有危险性都被她忽略了。

只有在第一次世界大战期间，她才将镭和放射性物质抛在脑后，转而专注于研究可以显示骨折和弹片的X射线。通过运用特制汽车，她能够将小型X射线研究中心送到更靠近战场的地方。据估计，仅1917年至1918年，就有超过100万名受伤士兵到那里接受治疗。1920年左右，玛丽·居里的视力开始下降，她手上的皮肤也因长期的镭研究和X射线工作而受伤。辐射可能也是她在1934年死于血液病的重要原因。

因此，她并没有机会看到这个家庭在第二年又迎来了另一位诺贝尔奖得主。女儿伊雷娜·约里奥-居里（Irène Joliot-Curie）和她的丈夫因在"新放射性元素"方面所做的工作，共同获得了诺贝尔化学奖。玛丽·居里与皮埃尔一起被安葬在巴黎郊区的索镇

（Sceaux）。1995年，居里夫妇的遗体被移至巴黎的先贤祠。玛丽去世十年后，96号元素被发现，为了纪念居里夫妇，它被命名为"Curium"（锔）。至此，居里夫妇在元素周期表中也算是有了一席之地。

门捷列夫"放射性"似的沉思

在努力探索钋和镭的时候，对于把它们放在元素周期表的什么位置，居里夫妇已经有了清晰的认知。钋与铋有着共同的特征，应该放在铋右侧的一个空白区域。镭则类似于钡，在它的下面还没有"邻居"。然而，放射性元素几乎和麻烦的惰性气体同时给门捷列夫带来了难题。

对于门捷列夫来说，新元素本身并不是问题，他不喜欢的是放射性现象。当X射线和贝克勒尔射线被发现时，有人怀疑这是否是一种元素通过发射辐射粒子而转变为另一种元素。在门捷列夫看来，这无非还是古老的炼金术的一种形式，不过是迷信和唯心主义而已，他担心化学会再次沉迷于对炼金的追求。

1902年对居里夫妇实验室的访问，并不足以让门捷列夫相信放射性是元素本身的一种特性。在教科书《化学原理》下一版的更新中，他在脚注中写道，他宁愿相信放射性"是发生在元素上的现象，就像磁性一样"。

英国人欧内斯特·卢瑟福（Ernest Rutherford）和弗雷德里克·索迪（Frederick Soddy）证实，放射性涉及从一种元素到另一

欧内斯特·卢瑟福

种元素的嬗变，他们揭示了钍是如何通过放射性辐射转化为较轻的氢元素的。据说，索迪曾兴奋地说："卢瑟福，这就是演变。"而卢瑟福深知，这种说法可能会引起众怒，他回答道："不要说是演变，他们会骂我们是炼金术士。"

早期预测新元素成功后，门捷列夫对那些有关放射性元素挑战的反应几乎是一场灾难。他推测了几种新元素，其中有两种比氢轻，尤其是他情有独钟的eter（以太）。这里所说的eter（以太）不能与被称为"eter"（醚）的化合物（如被用于麻醉剂的乙醚）相混淆。门捷列夫说的eter（以太）应该是一种最轻的元素，比氢还要轻，是一种其他所有元素都在其中运动的介质。他认为，这可以解释放射性和所有新发现的惰性气体。然而，事实并非如此。

诺贝尔委员会的最大错误

威廉·拉姆齐以及玛丽和皮埃尔·居里都在门捷列夫尚在人世时就获得了诺贝尔奖。门捷列夫去世后，欧内斯特·卢瑟福和弗雷德里克·索迪也先后获得了这一奖项。有人猜测，门捷列夫在1907年逝世前未能获得诺贝尔奖，与他在感受到惰性气体和放射性元素对他的元素周期表的威胁时，坚持具有误导性的以太理论有关。据说，这个大胡子俄国人在去世之前已经驳回了自己的以太假说，并接受了元素的嬗变是放射性的来源。一项对诺贝尔化学奖委员会内部讨论的研究表明，门捷列夫获奖受阻另有原因。

在颁发诺贝尔奖时，有人被绕过或被忽视是几乎不可能避免的现象。有资格获奖的研究人员总是远比奖项多。所以，诺贝尔委员会也难免会有疏忽的时候。一位仔细看过诺贝尔委员会早期会议记录的瑞典化学家这样认为："最离谱的可能是对德米特里·门捷列夫所犯的错误。"

1901年，诺贝尔奖首次颁发。关于门捷列夫是否该获奖的最大争议在于元素周期表发表的时间太久远了。阿尔弗雷德·诺贝尔的遗嘱是，他更愿意奖励最新的研究突破，在必要时，也可以将奖项授予那些被赋予新意义的旧发现。1904年，诺贝尔化学奖被颁发给了发现惰性气体的威廉·拉姆齐。据此，很多人认为，第二年门捷列夫应该获奖，因为这些新的惰性气体元素组让门捷列夫的元素周期表的结构更加稳固，所以，门捷列夫的发现满足了诺贝尔奖对"新意义"的要求，他因此获得了多项提名。但最终门捷列夫与奖项失之交臂，在1905年最后的投票中获得第二名。对这个俄国人来说，1906年或许总能如愿了吧。

起初，事态的发展一切顺利。对诺贝尔奖进行第一轮评审的是瑞典皇家科学院的化学委员会。门捷列夫只获得了一张反对票。然而，当更高一级的委员会审理提名时，这张反对票依然存在。反对的主要依据仍然是门捷列夫的成就已距今（指那时）三十多年，但委员会的第一轮评审似乎故意对这一点视而不见。

然而，反对者有一张王牌——参与卡尔斯鲁厄会议的意大利人斯坦尼斯劳·坎尼扎罗，他当时还活着。有人指出，在这种情况下，他应该与门捷列夫平分奖项。但没有人考虑过提名坎尼扎罗——没有被提名的人不能获得诺贝尔奖。既然不能让坎尼扎罗获奖，那索性门捷列夫也不能获奖。因此，1906年的诺贝尔化学奖被授给了法国人亨利·莫瓦桑（Henri Moissan）。莫瓦桑因分离出氟元素而获奖。氟化物困扰了科学界一百多年，据说有几位化学家在对这种有毒物质进行实验时去世了。莫瓦桑获得诺贝尔化学奖是实至名归，但这却是门捷列夫最后的机会。

1907年2月2日，门捷列夫因流感在圣彼得堡逝世，一生未获得诺贝尔奖。唯一的慰藉是，在元素周期表的102号元素Nobelium（锘，以阿尔弗雷德·诺贝尔的名字命名）旁边，是101号元素Mendelevium（钔，以门捷列夫的名字命名）。整个科学界都在为失去了一位科学巨匠而哀悼。人们向他所做的一切致敬，也向他一头凌乱、卷曲的白发，他的机智和幽默以及他坚强的个性和谦虚的品质致敬。

"元素周期表之父"去世了，但元素周期表依然"活着"。门捷列夫本人对化学和物理中发生的许多事情保持怀疑态度，例如一种元素可以转化为其他元素的可能性，以及原子由更小的粒子组成的可能性。科学就是这样发展的，尽管创始人曾经忧心忡忡，但元素周期表并未变弱，相反，它变得越来越强大。

16

原子终究还可再分

　　有这样一些科学实验，它们极简而美，让人目瞪口呆。欧内斯特·卢瑟福于1909年实施的卢瑟福散射实验便是其中之一。该实验非常完美地表明，原子是由一个小而强大的原子核和大片的空间，以及一些围绕着原子核相对均匀分布的电子构成的。当时，科学界关于原子结构的流行理论是所谓的梅子布丁模型（Plumpudding model）。该模型根据一道名叫"梅子布丁"的圣诞甜品命名，这道甜品中含有葡萄干①，你可以想象一个葡萄干面包（最好是一个二次发酵的面团），葡萄干像带负电的电子，而

---

① 在维多利亚时代之前，"梅子"（plum）指的是葡萄干（raisin）。

面团则像带正电的电子，葡萄干则保持在一定的位置上。

在做这个一举推翻梅子布丁模型的实验之前，卢瑟福就已经获得了诺贝尔奖。他和同事将带正电的α粒子射束发送到一层薄薄的白金箔纸上。他们假设，如果原子结构像面团一样，那么发射出的粒子应会径直通过白金箔纸[①]。但实验的结果并非如此，实验显示，其中绝大部分的粒子不受影响地径直穿过白金箔纸，有些粒子稍微改变了方向，也有一些粒子直接被弹到了另一侧。除此之外，一些粒子甚至被反弹回了原点，好像它们撞到了一个坚硬而巨大的东西一般，这就像一块大石头掉到薄纸上，却并未穿破薄纸，而是被弹了回来。

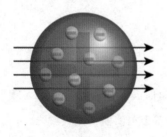 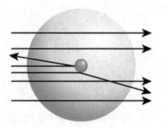

实验预期结果是α粒子不受干扰地通过梅子布丁模型

观测结果是一小部分α粒子被反弹，表明全部正电荷集中于一个很小的区域

梅子布丁模型实验

[①] 梅子布丁模型认为，原子是由电子悬浮于均匀分布的带正电物质里所组成的，就像葡萄干散布于布丁里一样。假若梅子布丁模型是正确的，由于正电荷完全散开，而不是集中于一个原子核，那么实验发射出的粒子，其移动方向应该只会有小角度的偏差。

最终，卢瑟福意识到这些粒子实际上是击中了一个又硬又重的东西，这东西足以将粒子排斥到反弹。尽管原子很小，原子核甚至更小，但它足以将一个微小的 α 粒子反弹回原处。每8 000个粒子中，有7 999个径直通过白金箔纸，这证明了金箔的大部分，或者说大部分原子仅由空的空间组成；而被反弹回的粒子表明，在原子的中间，有一个带正电的非常强大的原子核。

新原子概要

这几乎不可思议。对于一百年前的人来说，这绝对无法理解。长期以来，人们认为一切都是由原子组成的，而且原子不可再分。当然，也有例外——有人认为较重元素的原子是由一定数量的氢原子组成的，门捷列夫和其他人阻止了这种猜想。门捷列夫认为，整个元素周期系统建立在原子不可再分的基础之上，他十分担心对原子的不同理解会导致他的元素周期系统像纸牌屋一样瞬间崩溃。这种恐惧毫无根据，因为最终结果证明，原子可再分的理论并没有动摇元素周期表，反而赋予了元素周期表更强大的解释力。

短短几年之内，原子是由原子核和围绕其运动的微小电子组成的。占据了原子大部分重量的原子核又由质子和中子组成，带正电的质子中和负电子。质子的数量决定了原子属于哪种元素，并赋予元素一个数字，而这个数字又决定了该元素在元素周期表中的位置。这也就解释了为什么在元素表中碲、碘这一组元素，以及其他一些元素组并不是按原子量递增的规律排列的。

而中子也有助于人们理解原子的重量问题。相同元素的原子可以具有不同数量的中子，因而具有不同的重量。当质子和电子的数量恒定时，中子数却可变化。一个原子核中带一个质子和一个中子的氢原子的重量，大约是一个原子核中只带一个质子而不带中子的氢原子重量的两倍。过去，化学家们假设同一种元素的所有原子都具有相同的重量，这引起了极大的混乱，他们不断得到迥异的实验结果。这些化学家以某种平均值为基础进行实验，期待能找到可以解决问题、更为准确的原子重量测算方法。如今的事实证明，如果原子核中的中子数量发生变化，那么相同元素的原子就会不同，这些同一元素的不同变体称为"同位素"。如今的原子量是在考虑同位素数量的基础上取平均值。

　　在门捷列夫看来，原子不仅由更小的微粒组成，而且可以从一种特定元素转变成完全不同的元素。即使是参与揭示放射性物质实际原理的欧内斯特·卢瑟福，也对此持十分谨慎的态度，因为化学摆脱炼金术的神秘感也才没多久。不过幸运的是，这个关于原子可再分的新理论可以在不借助超自然解释的情况下，对事物发生的现象做出合理解释。

　　那些比较大和比较重的原子（例如铀和钍），它们的原子核中有太多的质子和中子，这让它们变得很不稳定。原子核中的能量无法将一切都保持在原处，于是原子核会发生所谓的衰变，同时发出辐射，例如以 α 粒子的形式[①]。一个 α 粒子由两个质子和两

[①] 原子核在衰变过程中放射出的粒子和能量（后者以电磁波的方式射出）被统称为辐射。由不稳定原子核发射出来的辐射可以是 α 粒子、β 粒子、γ 射线或中子。

个中子组成，就像没有电子的氦原子。如果质子少了两个，原始原子的原子序数就降低了，该元素就变成了一种不同的元素。这也意味着释放这些粒子的物质"消失"了，它衰变了，因此发现元素周期表中缺失的元素变得更加困难，因为其中许多元素都具有放射性。不过，元素周期表中所剩的空缺只有七个了。因此，科学界对43、61、72、75、85、87和91号元素的猎寻，便进入了决定性阶段。

"一战"造成的耽搁

1914年6月28日，萨拉热窝事件发生，第一次世界大战爆发。这场长达四年的悲剧影响了许多正在寻找91号元素的人的生活。这是当时元素周期表中的倒数第二种元素。战争爆发的前一年，来自德国卡尔斯鲁厄的两位科学家宣称他们发现了91号元素，并将其命名为"Brevium"。这个名字来源于拉丁语中的"短"，暗示该元素"短暂的生命"，因为它具有放射性，会衰变。衰变以半衰期来衡量，表示半数原子核发生衰变所需要的时间。对Brevium来说，衰变发生在短短77秒内。其中一名德国研究人员在战争中丧生，导致他们并没有找到更稳定的元素变体（该元素的同位素）。

在苏格兰，弗雷德里克·索迪和他的一位同事也在寻找91号元素更为稳定的同位素，但最后因同事去了法国前线三年而耽误了宣布发现成果。事实上，他们的发现比最终命名91号元素的人要早一个月，但索迪和同事礼貌地将功劳归于莉泽·迈特纳（Lise

Meitner）和奥托·哈恩（Otto Hahn）。

奥地利人迈特纳和德国人哈恩在柏林成功地提炼出了更多数量的91号元素，将其命名为"Protoactinium"，并且能更全面地描述这种元素的特性。这个名字后来被缩写为"Protactinium"（镤）。Brevium的命名之所以被搁置，是因为当时迈特纳和哈恩发现了一种可以存在数十万年的镤的同位素。所以，如果继续以"短"或"短暂"之意命名，会显得有些奇怪。

在此之前，迈特纳和哈恩也被第一次世界大战严重耽搁过。哈恩在德国毒气工厂服兵役，而奥地利人迈特纳则回到祖国，在相对安全的部队工作，但她在奥地利并没有逗留太久。回到柏林后，迈特纳发现高端科研的条件很不理想，要得到所需的实验物资并不容易。在写给哈恩的信中，她时常抱怨材料和设备极度缺乏，而且价格昂贵。而哈恩只有在休假时才能回到实验室工作。迈特纳完成了实验的大部分工作，最后他们终于发布了自己的发现。莉泽·迈特纳的一位物理学家朋友提出，可以以莉泽和奥托的名字将元素命名为"Lionium"或"Lisottonium"，但这种做法在科学界并不受欢迎。91号元素最终得名"Protactinium"，意思是"锕的前身"。这样的命名告诉人们，当镤释放出一个α粒子时，就变成了锕元素。

1925年，德国人沃尔特·诺达克（Walter Noddack）、艾达·塔克（Ida Tacke）和奥托·伯格（Otto Berg）发现了75号元素Rhenium（铼）。Rhenium的名字源于莱茵河的拉丁文名称。塔克最知名的名字是艾达·诺达克（Ida Noddack），因为她在第二年与同事沃尔特·诺达克结婚了。据说，他们在挪威度蜜月时，从当地的矿物中发现了一些铼碎屑。后来，诺达克夫妇试图提炼更多的铼，他们几乎搜遍了整个挪威，还去了瑞典和苏联，带回了660公斤的石头。最后，他们成功从这些矿物中提取到1克铼。如今，铼的产量要高得多，每年产量在40到50吨之间，而1公斤铼粉的价格高达1万美元。

诺达克、塔克和伯格同时声称自己发现了43号元素，他们将其命名为"Masurium"，以德国马祖里亚地区（Masuria）命名。该地区位于今天波兰的东北部。

> 43号元素名字的选择是一个明显愚蠢的错误，任何文明的科学家都不应这样做。这个名字是为了庆祝第一次世界大战期间德国人在马祖里亚地区击败俄国人的胜利。因此，这会导致在科学领域（一个以为人类服务的高尚探索来埋葬种族仇恨种子的领域）内延续种族仇恨。

一半的科学界人士都准备好了笔、实验室设备和分光镜，踏入攻击Masurium的战场。很快，Masurium的名字就完全退出了历史舞台。

化学期刊上的论战

第一次世界大战所带来的创伤是20世纪20年代欧洲人内心的烙印。在关于72号元素Hafnium（铪）的论战中，这种苦涩的情绪得到了充分的宣泄，就连那些在战争期间保持中立的国家也被卷入了这场化学的冲突中。

这场论战开始得毫无征兆。1911年，法国人乔治·乌尔班（Georges Urbain）声称自己发现了72号元素Celtium，它以凯尔特人（Celtics）命名，凯尔特人在青铜时代和更早的铁器时代统治过欧洲。之前乌尔班已发现了71号元素Lutetium（镥）。然而，Celtium的发现并未获得伦敦专家的证实，所以在1914年乌尔班报名参加第一次世界大战时，他没有获得Celtium元素的奖章。

72号元素曾经拥有过很多名字，比如"Ostranium""Jargonium""Nigrium""Euxenium""Asium"和"Oceanium"。有些人认为，泰勒夫·达尔发现的Norvegium可能就是72号元素。72号元素并不在门捷列夫提到的Norvegium的位置上，而且Norvegium的特性更类似于铋。

战争结束后，乌尔班重新开始研究Celtium，并与法国领先的光谱学专家合作。这一次，对他发现的否定不是来自英国人[①]，而是来自以尼尔斯·玻尔为核心的丹麦科学家。

玻尔通过揭示电子层的电子排布如何体现元素的化学表现，进一步完善了有关原子结构的科学知识。该理论完美地融入了元素周期表，使其更加稳固。乌尔班和其他人在含有镥的矿物中寻找72号元素，也就是从这个空缺元素左边的那些"邻居"里寻找。

---

① 1914年，乌尔班将该元素的样品送请英国的莫斯莱进行X射线光谱检测，得到的结论是没有发现对应于72号元素的谱线。

凭借着对原子结构新知识的了解，玻尔和他的同事认为，从这个空缺处上方的"邻居"——锆中寻找72号元素或许更明智。在富含锆的锆石中，玻尔的学生迪尔克·科斯特（Dirk Coster）和乔治·赫维西（George Hevesy）在短时间内便发现了这个长期缺失的72号元素。在这次决定性的检测中所使用的锆石来自挪威——极有可能来自克拉格勒地区。

科斯特和赫维西在哥本哈根宣布了他们的发现。在1922年获得诺贝尔奖时，玻尔在演讲的最后提到，72号元素已被发现，但尚未命名。玻尔认为，"Danium"这个名字是最好的选择，但科斯特和赫维西并不同意玻尔对新元素命名的提议，因为他们并不是丹麦人。最后，72号元素被命名为"Hafnium"（铪），取自哥本哈根的拉丁语名称"Hafnia"。然而，科斯特和赫维西除了展示了他们的发现，他们还以一种近乎嘲讽的方式批评了乔治·乌尔班和他的方法。

这像是对科学"协约国"[①]——法国和英国的宣战书，随后科学期刊上的学术交流就犹如军事战场一样剑拔弩张。

中立的丹麦被卷入论战，尽管科斯特来自荷兰，赫维西来自匈牙利。而赫维西曾在奥匈帝国军队中服役，这一事实使情况变得更糟。当时，英文报纸《化学新闻》（*Chemical News*）的社论专栏这样写道：

---

① 1907年，英国、法国和俄国签订相互谅解和相互支持的三国协议。文中指科学上国家之间的结盟与论战也像军事战场一样。

我们坚持使用乌尔班给出的原始名字"Celtium"，他是在整个战争期间都忠于伟大法兰西民族的代表。我们不接受以丹麦命名的名字，他们只知道把战利品装满口袋。

当国际委员会需要解决名称争议时，委员们尝试了一种外交解决方式，也有很多人称之为"怯懦的方式"，即该元素同时保留"Celtium"和"Hafnium"这两个名称。没有人对这样的结果表示满意，但在随后的几年中，对"Celtium"的支持逐渐减少。随着战争的平息，越来越多的人发现乌尔班所描述的特征并不符合该元素。与此同时，法国在科学界不再像以前那样强大，他们认识到，这场战斗他们已经失败了。

挪威与72号元素的一步之遥

从挪威人的角度来看，铪的故事本可以有一个大转折，以及一个更幸福的结局。1923年1月2日，一封描述玻尔小组发现铪元素的信件从哥本哈根寄出，并于1月20日被发表在《自然》杂志上。不久之后，《挪威地质期刊》于1月31日发表了一篇由维克多·戈尔德施密特（Victor Goldschmidt）和拉斯·托马森（Lars Thomassen）联合署名的文章。在文章中，两位挪威人宣称他们在两种矿物中也发现了72号元素。戈尔德施密特和托马森并非要共享发现铪元素的荣誉，他们清楚地提到该元素在丹麦被发现，他们只是想公开宣布自己也发现了铪。可能在丹麦人刊登声明之前，戈尔德施密特就已经发现了铪，但相关记载告诉我们，挪威人迟到了29天。

戈尔德施密特和托马森没有要求为新元素命名，因为这不符合科学界的惯例。但若是他们要取名的话，"Osloium"倒是一种可能，尽管这座城市在1923年被称为"克里斯蒂安尼亚"；"Tøyenium"是另一种可能，因为他们在实验时使用了托马森在泰恩（Tøyen）新建的地质博物馆中放置的X射线光谱仪。

不管72号元素采用哪个名字，挪威克拉格勒本来是可以在元素周期表中留下足迹的。戈尔德施密特从克拉格勒附近的坦根（Tangen）采石场获得了铪锆石（alvitt）——含有72号元素的两种矿物之一。另一种矿物是水锆石（malakon），后来它为弗莱克菲尤尔市镇（Flekkefjord）外的希德拉岛（Hidra）在元素史上占得了一席之地。

这一次，挪威再次与发现新元素失之交臂。据说，戈尔德施密特曾试图寻找仍然缺失的61号元素。但在20世纪30年代，他确信自然界不存在这个元素，这在后来也被证实是正确的。

至此，元素周期表上只剩两个未知元素。一些人无视戈尔德施密特关于自然界中并不存在61号元素的告诫，而继续寻找该元素。事实上，此时仅剩一个会以某种形式存在于天然矿床中的未知元素。法国人在铪的争夺战中失败了，但在另一个领域他们仍处于领先地位，没有人能在放射性研究领域打败他们，而这正是他们给予对手的回击。

最后的自然元素

1929年，居里夫人聘请了20岁的玛格丽特·佩里（Marguerite Perey）担任镭学研究院实验室的助理。短短十年内，佩里从一名清洗试管、打扫实验室的助理，成长为元素Francium（钫）的发现者。钫是最后一个在自然界中被发现的元素，之后被发现的元素都是在实验室里被人工合成的。这个87号元素来得如此之晚并非巧合，因为它是最稀有的元素之一。

虽然某些较重的元素在衰变时会不断形成钫原子，但在任何时间点，整个地壳中钫的数量都不超过30克。钫极不稳定且具有放射性，半衰期为22分钟。许多人都想试试自己的运气，但钫含量如此之少，因此屡遭失败也就不足为奇了。大多数人都非常谨慎，以至于在暗示自己发现了什么时，都满足于使用门捷列夫所取的名称"Eka-cesium"。也有一些人用诸如"Russ""Alkalinium""Virginium"和"Moldavium"等富有想象力的奇特名字来吹嘘自己的发现，但最终他们都只能夹着尾巴偷偷溜出科学史。

在玛丽·居里的专业指导下，玛格丽特·佩里掌握了放射性的相关知识，并尤其注重实验室工作的严谨性。玛丽委派她开展对锕的研究。玛丽·居里去世后，她的女儿伊雷娜·约里奥–居里成为佩里的私人导师。1939年，经过多年对89号元素锕的潜心研究，佩里终于发现了87号元素的蛛丝马迹。放射性锕原子发射出 α 粒子束，减少了两个质子后，它重新出现在了元素周期表中锕左侧两步之遥的位置上。

佩里唯一的问题出现了——当她的正式导师得知佩里向约里奥-居里泄露了实验室的秘密时，他感到被冒犯了。这两位化学权威无法在谁与佩里一起发现了钫的问题上达成一致，最终佩里独自宣告了这一发现。佩里根据化学术语"阳离子"（cation），提议用"Catium"这个名字，但该名字受到了约里奥-居里的嘲笑，因为在英语国家，这个名字与猫有关。因此，该元素最后被命名为"Francium"（以法国的国名"France"命名）。佩里虽然没有获得博士学位，却将钫留在了自己的功绩单上，并以此向祖国致敬。

　　钫的发现标志着一个化学时代的结束。从那时开始，没有任何新元素是在自然界中被发现的。元素周期表进入了一个新时代。比起通过筛选成吨的矿石来发现新元素，其他研究人员发现了捷径——他们在实验室中制造新元素。

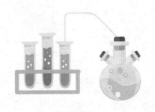

实验室中原子的轰击

　　没有几所学校敢声称自己比旧金山湾以东的加利福尼亚大学伯克利分校（简称伯克利）拥有更多的诺贝尔奖得主。这里的学生非常清楚，他们已经踏进了世界上最负盛名的大学之一。在这里，他们或是急匆匆地去上课，或是躺在草坪上休憩。校园中的交通标志显示，这所大学为众多诺贝尔奖获得者预留了专属停车位。

　　凭借回旋加速器的相关研究，好几位科学家获得了诺贝尔奖。1930年，伯克利物理学教授欧内斯特·劳伦斯（Ernest Lawrence）提出回旋加速器的理论，并在1932年首次研制成功。回旋加速器可以使微小的粒子以极快的速度运动。电场确保粒子速度的增加，而磁场则使粒子保持在连续的螺旋路径中。当速度足够快时，粒子就会被甩出回旋加速器，进入等待测量的设备中。通过这种方式，研究人员可以观察质子或α粒子等撞击原子时发生的现象。

在回旋加速器的帮助下，人们可以制造出比在自然界中找到的原子更重的原子。因此，元素猎寻者们又多了一个"新玩具"。这让人联想到19世纪初引入电解工艺后的新元素发现浪潮，以及六十年后光谱仪在元素周期表上引发的海啸。第一台回旋加速器显然无法与欧洲核子研究组织建在瑞士和法国交界处27公里隧道内的粒子加速器相提并论，它的直径不到1米，但仍足以填满甚至扩大元素周期表。

"放射性"的航空邮件

为伯克利的回旋加速器带来荣誉的第一种元素，是在意大利西西里岛的巴勒莫（Palermo）被发现的。在20世纪30年代，92号元素铀被视为最重的元素，也是周期表的终结元素和最后一种自然元素。因此，在埃米利奥·塞格雷（Emilio Segrè）1937年发现Technetium（锝）之前，元素周期表中只剩下三个未知元素的空位置（43号、61号和85号元素）。

塞格雷1905年出生在罗马郊外的蒂沃利镇。一开始，他为著名物理学家恩里科·费米（Enrico Fermi）工作。刚满30岁时，塞格雷正在等待一个巴勒莫的教授职位和一个建立个人实验室的机会。在此期间，他去了美国，访问了伯克利，并见到了问世不久的回旋加速器。塞格雷并未对美国人用它做的事感到不可思议，他非常喜欢回旋加速器。塞格雷后来说道："他们拥有令人印象深刻、不可思议的机器，却对物理学知之甚少。"

塞格雷对实验室里的残留物非常好奇，他急切地观察了一些被粒子轰击过的钼样品。钼是42号元素，位于当时整个世界仍在等待的43号空位的左侧。此前，人们曾尝试用Nipponium和Masurium填补43号这个空缺，还有人提议了其他好几个名字。从没有一种元素像顽固的43号一样，如此多次地被人声称"首次发现"。

美国之旅结束后，塞格雷的教授职务终于落实了，他被允许带一些样本回国。在随后的几个月里，美国人定期向巴勒莫寄送一些放射性物质样本。1937年2月，塞格雷收到了一封带有一种新元素的邮件，但他并不急着为该元素命名。因为他想先弄清楚德国的Masurium，也就是诺达克夫妇仍然坚持声称的43号元素。

塞格雷前往弗莱堡拜访了诺达克夫妇，从他们那里得到的含糊其词的回答证实了他的怀疑——诺达克夫妇并没有实质的证据证明Masurium就是43号元素。几个星期后，据说诺达克先生气势汹汹地带着人出现在塞格雷位于巴勒莫的办公室中，有人声称诺达克还戴了威胁性的纳粹标志，但这个意大利人并没有被吓倒。塞格雷"确信诺达克夫妇并不坦诚"，同时也没有屈服于来自大学管理层的对新元素命名的压力——他们认为西西里岛或巴勒莫应该在元素周期表中占有一席之地。塞格雷和他的同事们以希腊语中的"人工"一词，将这第一个人工合成的元素命名为"Technetium"（锝）。

于是，锝成为意大利发现的唯一元素。塞格雷作为元素发现者的身份并未结束，却结束了自己在祖国的生活。1938年，塞格雷去美国旅行，其间从报纸上得知，意大利通过了《反犹太人法》。塞格雷是犹太人，这部法律会剥夺他在巴勒莫大学的职位。于是，他没有回国，留在了美国加利福尼亚，并在伯克利找到了一份工作。第二次世界大战结束后，他成了美国公民。尽管如此，少许的锝仍被留在了西西里岛。据说，塞格雷在他母亲的坟墓上撒了一些锝屑，虽然锝具有放射性，且会随着时间的流逝而消失，但它持续的时间比鲜花要长久得多。

直到1952年，锝的总量才达到1克，而人们也知道了为什么这种元素如此难以获得。下一种元素Astat（砹）可能会更罕见。如果它在地球形成时就出现，那么它早已不复存在了。只有当其他放射性物质转变为85号元素时，砹才会再次出现。

因此，当印度人拉真达拉·德（Rajendralal De）在1937年声称发现了4公斤85号元素，并将其命名为“Dakin”时，人们都认为这几乎是不可能的。Dakin的命名取自今孟加拉国首都达卡市（Dhaka）。当时，该地是英属印度的一部分，远离科学前沿，也没有多少人阅读拉真达拉发表在当地期刊上的新发现。这极可能只是一个错误的发现。然而，其他国家关于85号元素发现的情况也并未好多少。来自美国阿拉巴马（Alabama）的科学家声称发现了85号元素，并将其命名为“Alabam”。瑞士人也认为自己发现了该元素，并以瑞士的诸多称呼之一“Helvetia”，将其命名为“Helvetium”。

据研究了85号元素发现细节的人员称，有几个人值得被称为该元素的发现者。第二次世界大战使包括科学交流在内的所有交流变得缓慢且经常缺失。1942年，当维也纳的研究人员带着Viennium登场时，人们不确定他们是否已经了解了大西洋对岸正在发生的事情。在那里，塞格雷和他的同事在两年前就已经发现了85号元素。

塞格雷参与了美国人的秘密核武器计划，即曼哈顿计划[①]，从而没有时间对公众正式宣布85号元素的发现。直到战后，专家评判组才有了决定谁是元素发现赢家的权力。1947年，美国人被邀请为85号元素命名，他们选择了"Astat"（砹），取自希腊语中的"不稳定"一词。为了检验这个位于碘之下的元素是否具有作为卤素的化学性质，研究人员将小剂量的砹注射到实验动物中。在动物体内，砹呈现了几乎与碘相同的特性。至此，研究人员便可以放心欢庆了。

盗取天火的普罗米修斯

只要找到61号元素，当时元素周期表的92个位置就全部被填满了。从这个意义上来说，这种未知元素属于镧系元素再恰当不过了，因为它们几乎从一开始就引发了重大问题。门捷列夫努力

---

① 美国陆军部于1942年6月开始实施利用核裂变反应来研制原子弹的计划，于1945年7月16日成功地进行了世界上第一次核爆炸，并按计划制造出两颗原子弹。

地想将它们纳入自己的周期系统，在他去世前出版的最后一版元素周期表中，仍然只有八列，但有整整十二行，他在第八、第九和第十行中仍留有不少空位，而镧系元素中也仅有镧、铈和镱三种元素被填入表中。

在门捷列夫去世的几年后，丹麦人尼尔斯·玻尔用他的电子层理论解决了这个问题。在正常情况下，元素周期表中每向右移动一个位置，元素最外层电子的数量就会增加1。正是这个数字，为原子的表现特征奠定了基调。玻尔发现，如果在镧系元素中增加更多的电子，那么它们并不会填满最外层的电子层，而是填满更深处的电子层。因此，某些镧系元素最外层的电子层都具有相同数量的电子，当它们与其他物质反应时，就具有许多相同的性质。玻尔把这些镧系元素都安排在了56号到72号之间。很快，整个镧系元素就被安放在了元素周期表的"地下室"中。

正是在那里，61号元素将完成门捷列夫的元素工程。它的出现也受到了第二次世界大战的影响——在一定程度上要感谢"曼哈顿计划"的研究人员。战争快结束时，这些科学家中的一些人开始怀疑并担心他们正在创造的事物。Promethium（钷），这个61号元素于1947年得到的名称，正表现了这种担忧。

普罗米修斯是为帮助他的人类朋友而盗取天火的希腊之神。宙斯向人类隐藏了火种，而普罗米修斯则从众神那里偷走了它，然后传给了人类。宙斯大怒，将普罗米修斯锁在了悬崖上，每天让一只嗜血的鹰来此啄食他的肝脏。而每天晚上，普罗米修斯的肝脏就会奇迹般地复原，成为鹰的下一顿食物。

新元素的命名不只象征了该元素戏剧性的发现方式，它是通过科学家分裂原子核而形成的，也是对人类受到核武器威胁的警告。在美国人轰炸广岛和长崎之后，田纳西州橡树岭实验室的元素探险家对他们在"曼哈顿计划"中的所作所为感到害怕。

有些资料中也提到了埃米利奥·塞格雷在钚元素研究中的贡献。据说，他在1942年帮助研究人员获取了一些钚原子，但这并不足以进行化学分析。而塞格雷也从未声称自己是钚的发现者，也从未为这种元素命名。

在门捷列夫建立他的第一个元素周期系统76年后，周期表终于完整了。化学家和物理学家终于可以歇口气了，元素全都被发现了。但事实真的是这样吗？铀这个原子序列号为92的元素，在很长一段时间内是元素猎寻者们的最终目标。看看现在的元素周期表，铀之后依然远远排着许多元素，一直到118号元素。伯克利的回旋加速器已经轰击出了家族新成员——"超铀"元素，也就是那些位于铀之后的元素。

必须扩展的元素周期表

距离诺贝尔奖得主停车场几步之遥的建筑物是吉尔曼大楼（Gilman Hall），那是伯克利的回旋加速器制造出第一种元素的地方。引导游客和其他来访者进入奥本海默路的学生总是会在这座建筑前驻足。如今，伯克利拥有了更大、更先进的回旋加速器，此前的加速器已经被搬到了大学后面的小山上。人们可以沿着陡峭而蜿蜒的回旋加速器路（Cyclotron Road）前往那里。与古老的吉尔曼大楼相比，这座现代化元素工厂所在的建筑看起来像一个仓库。

回旋加速器只占了建筑总面积的一小部分，数以千计的电线将它连接到许多设备和测量仪器上，这些设备和测量仪器监控着约15厘米宽的管道内发生的情况。部分装置用铝箔手工包裹着，这使得整个装置看起来就像手工打造的。为了杜绝发生意外的任何可能性，数十名研究人员马上开始相应的实验。不过，他们寻找的不再是新元素，而是围绕着原子及其成分的秘密工作。

1940年，伯克利的研究人员成功制造出一种比铀更大、更重的元素。埃米利奥·塞格雷再次参与其中。当他被委托检查回旋加速器是否有新的结果时，他得出的结论是，并没有什么令人兴奋的发现。元素猎寻者们不得不重新开始。不久，他们意识到自己的调查并不仔细。就在他们被征召参加曼哈顿计划之前，他们发布了新发现的元素Neptunium（镎）。这为格伦·西博格（Glenn Seaborg）敲开了发展元素周期表的大门。他应该是意识到了某些东西，那些无论是塞格雷还是其他研究人员在尝试将重元素排进元素周期系统时都没有看到的东西。

在吉尔曼大楼的307室，西博格和他的同事们于1941年发现了Plutonium（钚）。早期的"问题儿童"镧系元素被列为一个单独的组而被分离出来，位于周期表其他元素的下方。理论上，93号元素应该排在铼下方，94号元素则应该排在锇下方。由于同一列中的元素应具有相似的属性，因此新元素的表现特性应与上一行中与之对应的元素相同。这就是为什么塞格雷否定了伯克利实验室第一次发现镎的尝试，因为它与铼没有任何"家族血缘"关系。而当西博格看到钚也无法满足应拥有与锇相似属性的期望时，他意识到自己必须做点什么。

西博格想将从89号开始的元素与镧系元素一样移出来，正如人们如今从通常的元素周期表中所看到的那样。这些元素被称为"锕系元素"，因为锕排在该系列的第一位置。西博格丝毫不在意那些说这样做会破坏他科学声誉的警告，他在自传中谦虚地说："我没有名誉可失去。"他确实可以这么说，因为很少有人知道他发现的钚。在回旋加速器中发生的一切，包括钚的发现都成了机密，而这么做有着充分的理由。

当镎的发现在1940年被公之于众时，英国当局要求新的科学发现都应对刚刚占领欧洲大部分地区的德国人保密。因此，西博格对钚的发现的公开发表被推迟到了欧洲战事结束后。1945年8月，钚才在长崎展示了它的致命性。

出于保密的需要，与94号元素相关的工作都需要使用代号，因此伯克利的研究人员简单地称它为"铜"。这一代号通常还算好用，但当实验中需要真正的铜时，他们便不得不用"纯正之至的铜"或"绝对纯正的铜"来称呼这一元素。相对而言，镎和钚最终的名字比较平淡无奇，它们跟随铀的命名方式，就像太阳系中的海王星（Neptun）和冥王星（Pluto）跟随天王星（Uranus）一样。

又一个"瑞典"元素批发商

1912年出生在美国密歇根州时，格伦·西奥多·西博格便拥有瑞典化学家和工程师的血统。他的母亲刚搬到美国不久，而他的父亲出生在美国——他为此感到骄傲。西博格的祖父曾以"Sjöberg"的姓氏生活在瑞典，后来移民到美国，因为埃利斯岛（Ellis Island）的移民政策，"Sjöberg"被改为"Seaborg"。

高大、瘦弱、雄心勃勃的西博格很早就决定将化学作为他的专业方向。20世纪30年代，他在伯克利完成学业后，获得了与当时最优秀的人一起工作的机会。当时，物理学家接手了元素猎寻者的工作，所以作为一名化学专业人士，西博格显得与众不同。正因如此，他后来完成了元素周期表中必要的整理工作。这并非巧合。

随着锕系元素被稳固地置于镧系元素之下，找到前进的道路就变得相对容易了。1944年，在高度保密的环境下，西博格小组发现了接下来的两种元素。第二次世界大战结束后不久，西博格作为嘉宾参加了一档儿童广播节目，他第一次通过暗示的方式对公众谈及这两种元素。当"儿童知识竞赛"的一位未成年主持人询问他时，西博格承认有两种新元素正在研发中。一个月后，在另一档广播节目中，听众被邀请为新元素的命名提议。

乔治·华盛顿总统和富兰克林·罗斯福总统分别是"Washingtonium"和"Rooseveltium"两个名字的来源。在当地的爱国主义被融入元素名字"Berkelium"（锫，以伯克利命名）和"Californium"（锎，以加利福尼亚命名）之前，西博格提倡另一种形式的爱国主义，将元素命名为"Americium"（镅）；然后是

"Curium"（锔），这是对居里夫妇的致敬。这一次，轮到美国人在元素周期表中大放异彩了。

对更大、更强的原子弹的寻求，催生了更多的新元素，但更多时候，新元素的产生是随机的。1952年，美国在太平洋马绍尔群岛的伊鲁吉拉伯岛（Elugelab）引爆了第一颗氢弹，留下了一个将近2公里宽、50米深的大坑，也留下了99号和100号两种新元素的痕迹。在确定99号和100号元素可以被人工合成后，美国人立即在实验室中进行各种尝试。

1954年，他们成功在民用条件下制造出了这两种元素，并将其分别命名为"Einsteinium"（锿）和"Fermium"（镄）。因此，两个美国公民获得了元素周期表中的两个位置。严格来说，这两个人也是欧洲人——为了躲避纳粹的迫害，阿尔伯特·爱因斯坦和恩里科·费米都在20世纪30年代逃离了欧洲，来到新家园美国继续研究生涯。费米是"曼哈顿计划"的重要参与者，而爱因斯坦是促成该计划的人，他曾提醒美国的罗斯福总统要谨防来自德国的核武器威胁。

仅仅一年后，西博格和他的团队就进一步扩展了元素周期表。这一次就不能指责他们的民族主义了。相反，他们不得不征求美国当局的许可，因为西博格和团队想将荣誉给予一位苏联人，以他的名字命名新元素。终于，元素周期表的发明者门捷列夫获得了他应有的地位。尽管西博格对新元素的命名"Mendelevium"并没有得到所有美国人的认可，但他本人在谈到这一选择时说道："在发现超铀元素的几乎所有实验中，我们都依靠他的方法，根据元素在周期系统中的位置来预测它的化学性质。"

西博格对门捷列夫的致敬在苏联受到了关注。通过美国驻莫斯科大使馆，西博格从一位匿名的苏联人那里收到了一个包裹。除了问候，包裹中还包含一本由门捷列夫本人签名的《化学原理》。西博格认为这是他最珍贵的财产之一。

Mendelevium（钔）只是一次短暂的苏美联谊。当时，苏联无论是在核武器方面，还是在元素猎寻方面，都与美国不相上下。很快，位于莫斯科以北120公里的杜布纳（Dubna）联合核子研究所，成为伯克利霸权地位的严峻挑战者。当冷战影响到他们的时候，科学家在元素周期表上进行着自己的战争——直至柏林墙倒塌后，这场战争依然持续了许久。

"冷战"对元素周期表的影响

　　从世界政治角度看，1947年至1991年被称为"冷战"时期。"冷战"是相对于"热战"而言的，因为美国和苏联这两大阵营从未正式兵戎相见。尽管如此，世界很多地区的局势非常紧张。两个超级大国之间的不信任无处不在，就连体育、文化和研究领域都受到了影响。科学叛逃者可能与政治叛逃者一样罪不可恕，而获取对手的研究成果可能与窃取军事机密一样重要。

对科学家们来说，新元素的发现不仅仅是帽子添羽①的荣誉。一种元素的发现，并非几周后就会被人遗忘的昙花一现，而是作为国家进步和卓越的证明，永远留在元素周期表中。美国人之所以能够遥遥领先，部分归功于当时的"曼哈顿计划"。但当苏联人于1957年在97号元素的研发上取得重大进展时，局势发生了变化。虽然该元素的发现最后因不够明确而被拒绝，但元素周期表已经获得了如同军事方面一般的平衡。科学家们相互争夺元素的发现权和命名权。随着苏联解体，"冷战"在20世纪90年代初期结束了，但化学元素的争夺战却在此时进入了白热化阶段。直到1997年，俄罗斯和美国才达成某种意义上的休战，但许多人仍然对"超镄元素争议"②的结果不满意。

瑞典的尴尬

激烈的元素争夺在中立国瑞典斯德哥尔摩的诺贝尔研究所开始了。研究人员建造了回旋加速器，并在1957年宣布他们发现了101号元素钔之后的下一种元素。他们认为，这种新元素应该被称为"Nobelium"（锘）。化学强国瑞典已经很久没有发现新元素了，此时瑞典人看到了机会。但第二年，从伯克利传来消息，那

---

① 在上古时代，位于地中海沿岸的吕底亚开始将羽毛当作奖品。在当时的竞技赛场上，谁先射死一只山鹬鸟，谁就能获得一根羽毛作为奖品插在帽子上。后来，帽子插羽毛成为荣誉的象征。
② 指自1960年以来对原子序数超过100的化学元素的国际名称的争议。

里的研究人员无法重现实验结果，这说明其中定有问题。对瑞典人来说，尴尬的是，这个错误是由一个距瑞典边境仅3英里的挪威人发现的。

托比约恩·锡克兰（Torbjørn Sikkeland）是伯克利实验室的一名研究人员。他发现瑞典人手上并没有纯净的锗。很快，莫斯科杜布纳的研究人员得出了同样的结论。在随后的几年里，苏联和美国争先恐后地生产出了足够多的102号元素原子。对于这件事，瑞典人视而不见，当作什么都没发生。他们向格伦·西博格施加压力。在瑞典人看来，作为瑞典移民的后代，西博格应该帮助他们保留"Nobelium"的名称。美国人最终同意继续使用"Nobelium"的名称，因为它已经被确立。经过几个回合的争夺，炸药发明者阿尔弗雷德·诺贝尔成功保住了他在元素周期表上的位置。

瑞典人被允许保留了"Nobelium"这个元素名字。锡克兰通常被认为是挪威第一个也是唯一一个元素发现者。不过，一些词典、百科全书、网站和报纸文章称他是两种元素的共同发现者，其中之一便是Nobelium。对于这一观点，IUPAC并不认同。在锡克兰和同事揭露瑞典人错误后的几十年里，102号元素陷入了窘境。伯克利声称，他们在揭露瑞典人的错误后不久，便发现了真正的102号元素。几年后，莫斯科杜布纳的研究者则认为自己做得更好，美国人对102号元素的调查存在问题。

1997年，IUPAC裁定杜布纳的俄罗斯人才是102号元素的发现者。对于外行来说，对IUPAC的裁决指手画脚并不合适，但西博格和阿伯特·吉奥索（Albert Ghiorso）却毫不犹豫地这么做了。他们指责委员会无能，报告错误百出。西博格和吉奥索还抱怨，委员会在发布报告之前曾与杜布纳的研究人员会面，但并没有与伯克利的研究人员会面。这一次，挪威人击败了瑞典人，而且锡克兰占据的优势更大。

终于有一位挪威元素发现者

托比约恩·锡克兰出生于1923年，在八个兄弟姐妹中排行第六。他在挪威萨尔普斯堡瓦尔泰格（Varteig）的农场中长大。在奥斯陆大学完成化学和核物理的学习后，锡克兰进入奥斯陆边上的凯勒（Kjeller）原子能研究所工作。之后，他去了美国加利福尼亚，并成为艾伯特·吉奥索科研小组的一员。吉奥索参与了格伦·西博格的大部分元素发现工作，但这位诺贝尔奖得主越来越忙于其他任务，于是吉奥索指导了回旋加速器和重元素的大部分工作。当人们总结元素周期表中108种元素的发现状况时，发现西博格参与了其中10种元素的发现工作，而吉奥索则参与了12种元素的发现工作。

1961年，锡克兰和艾伯特·吉奥索团队的其他成员发现了103号元素Lawrencium（铹）。这一次是伯克利的工作人员首次发现了这种元素。该命名是对美国人欧内斯特·劳伦斯的致敬，是他让伯克利发现新元素成为可能。劳伦斯发明了第一台回旋加速器，并对其进行了多次改进。劳伦斯是挪威移民的后裔。根据挪威历史学家的说法，为了追求更好的生活，劳伦斯的祖父奥拉夫·拉夫兰特森（Olav Lavrantson）来到了美国，其姓氏"Lavrantson"（拉夫兰特森）变成了"Lawrence"（劳伦斯）。

1969年，应母亲的要求，锡克兰一家回到挪威。他在挪威皇家理工学院担任教授，并逐渐安顿了下来。因此，锡克兰经常错过与世界物理精英互动的机会，但他始终与以前的同事们保持着联系，并定期出差，去加利福尼亚和德国的达姆施塔特（Darmstadt），协助美国人和德国人进行回旋加速器的实验。

1986年切尔诺贝利事件发生后，锡克兰就核电站的威胁性向社会发出警告，加上对苏格兰敦雷（Dounreay）核净化厂的放射性物质排放所做的努力，他获得了嘉奖。教授任期结束后，锡克兰和他的妻子西尔维娅（Sylvia）搬到了许吕姆（Hurum）的托夫特（Tofte），并在那里一直生活到2014年去世。无论是在瓦尔泰格、特隆赫姆（Trondheim），还是在托夫特，都没有为他建造的纪念碑。锡克兰绝不是一个吹嘘自己成就的人，但他可能也为自己感到骄傲。他家客厅的墙上总是挂着四位元素发现者的照片，其中就有艾伯特·吉奥索和锡克兰，照片记录下了𬬻在元素周期表中占据一席之地的荣耀时刻。

超𬬻元素争议

1961年，𬬻被发现了。在元素争夺战进入白热化阶段之前（即在美国人制造出下一种元素之前），锡克兰就离开了伯克利。美国人此时已经发现了104号元素，他们认为这种新元素应该被称为"Rutherfordium"。杜布纳的苏联人却认为自己更早就发现了它，并认为新元素应该以苏联原子弹之父伊戈尔·库尔恰托夫（Igor Kurchatov）的名字命名。双方各执己见，谁都不让步。

尽管罗纳德·里根（Ronald Reagan）和米哈伊尔·戈尔巴乔夫（Mikhail Gorbachev）开始更加友好地进行会谈，尽管1989年柏林墙的倒塌标志着近50年争夺世界霸权的斗争结束，但104号元素在很长一段时间内都拥有"Rutherfordium"和"Kurchatovium"双重身份。直到1992年，国际化学界才成立了"超镄元素工作小组"，以解决名称之争。

存在争议的不只是104号元素，其后直至109号元素，都在使用不同的名称。就连无辜的"前辈"锘和铹（两者排在铲之前）也被卷入了"超镄元素争议"。这场冲突之所以得此名称，是因为争议围绕的都是镄之后的元素。

当时并没有一个拥有元素命名权的国际权威组织，也没有关于新元素命名的明确规则。当达姆施塔特的西德研究人员在元素领域也成为一个劲敌时，局面变得更糟了。俄罗斯人、美国人和德国人都对每种元素的名称提出了意见，并且都在元素名称的选择上不遗余力地表现出爱国主义，这使得找到让所有人都能接受的命名解决方案变得更加困难。

关于106号元素（镭）的争论最为激烈，而格伦·西博格则处在争论的漩涡中心。1974年，美国人和苏联人先后在几周内宣布他们在实验室中发现了这种元素。艾伯特·吉奥索和他的苏联对手尤里·奥加涅相都未提议元素名字，两人都在等待可以证实自己发现的进一步的调查结果。双方同意，若事实证明两人都是正确的，则共同协商一个名字。而这一结果的判定花了20年。

在此期间，苏联人宣称的106号元素受到了重创，美国人赢得了对106号元素的命名权。吉奥索讲述了自己考虑过的所有名字提案，以及所有被带进讨论的名人，包括牛顿、达·芬奇、哥伦布和苏联的安德烈·萨哈罗夫（Andrei Sakharov）。他甚至想过以芬兰命名该元素（finlandium），因为参与镭发现的一名工作人员来自芬兰。1994年，IUPAC判定伯克利实验室为106号元素的真正发现者。在此之后，吉奥索在与一名记者的交谈中得到了解决方案。记者大概是开玩笑地问吉奥索，怎么不将元素命名为"Ghiorsium"。自恋地以自己的名字命名元素，并不是吉奥索的做法，但这个建议让他萌生了别的想法。

某天晚上吉奥索醒来，突然强烈地意识到自己该如何做，不是以自己的名字命名该元素，而是以他的长期合作者及同事格伦·西博格的名字命名。"Seaborgium"这个命名受到了伯克利的欢迎，但这需要西博格本人的认可。"有一天，艾伯特走进我的办公室，问我对于将106号元素命名为'Seaborgium'的想法是什么，我差点晕倒。"西博格说道。经过短暂的思考和与妻子的交谈后，西博格自豪地答应了。

　　我非常感动。这样的荣誉将远远超过任何奖项或奖牌，因为它将是永远的。只要元素周期表存在，它就会持续存在。已知元素只有一百多种，其中以人名命名的更是少数。

　　只有一个比较大的问题，那就是西博格当时仍在世。让一个尚健在的人获得如此崇高的荣誉是闻所未闻的，这极具挑衅性，以至于抗议的不仅是俄罗斯人，还有紧密相关的化学界。美国人为自己进行了辩护，他们认为，99号元素锿和100号元素镄也都是在爱因斯坦和费米都还在世的时候根据他们的名字命名的。

　　正是在此时，超镄元素争议达到了巅峰。1994年，"超镄元素工作小组"提出的裁决本应解决关于104号至109号元素的所有争议，却引发了新一轮的抗议和反诉。例如，Seaborgium（𬭳）在此时出局了，这让美国人非常恼火。在三年的时间里，名字换来换去，交易跨越国界和联盟，妥协不断地达成，又不断地破裂。

　　1997年，全世界化学家都能接受的决定终于出台了。这包括102号和103号元素被允许继续保留它们的名字"Nobelium"和"Lawrencium"，从104号开始，这些元素分别被命名为"Rutherfordium""Dubnium""Seaborgium""Bohrium""Hassium"以及109号元素"Meitnerium"。

　　欧内斯特·卢瑟福毫无异议地保留了美国人最初给予他的位置。接着，杜布纳的实验室有了属于它的元素名字Dubnium。在最后一轮较量中，Seaborgium勉强保住了106号的位置。之后三种元素的命名相对没有什么问题，因为没有人怀疑达姆施塔特实验室的德国人是它们的真正发现者。107号元素Bohrium根据丹麦人尼尔斯·玻尔（Niels Bohr）的名字命名，起初的名称是"Nielsbohrium"，有些冗长。108号元素Hassium，其名源自达姆施塔特所在的黑森州的拉丁文名称"Hessen"。而109号元素Meitnerium，则是对莉泽·迈特纳（Lise Meitner）的致敬，她本人参与了镁元素的发现工作。

超镤元素争议的最大输家，是迈特纳发现镁元素的合作者及共同发现者——奥托·哈恩（Otto Hahn）。Hahnium在这场争议中五次被提议，但最终未能成功找到适合它的位置。

对元素发现者更严格的规则

伯克利的科学家提议将110号元素命名为"Hahnium"，这是"Hahnium"的最后一次机会。不过，哈恩在达姆施塔特的同胞们拒绝了这个提议。当IUPAC裁定德国人是110号元素的真正发现者时，他们选择了"Darmstadtium"这个名字，以研究所在地达姆施塔特的名字命名。至此，三个化学元素实验室都有了代表性元素，风波才得以平息。

如今，新元素的开发都是跨国界的团体研究和机构合作。新一代的科研者已经将前辈根深蒂固的争斗置于身后，他们接受了1997年的裁判，并且没有了上个世纪化学家们的那种个人追求。

111号元素Røntgenium（铪），是以德国科学家威廉·伦琴（Wilhelm Röntgen）的名字命名的。112号元素Copernicium（鎶），

则以波兰天文学家尼古拉·哥白尼（Nicolaus Copernicus）的名字命名。Copernicium于1994年被发现，但该名称直到2010年才最终获批。战后，关于元素名称选择的风波与争论，迫使国际学界制定了如今的规则，以确定某种新元素是何时被真正发现的，以及谁拥有相关元素的命名权。IUPAC做的第一步，便是引入完全匿名的元素名称，直到给出最终裁决为止。

如果你有一本2016年之前版本的化学书，那么其元素周期表上很可能会同时显示"Ununtrium""Ununpentium""Ununseptium"和"Ununoctinum"以及与之对应的元素符号"Uut""Uup""Uus"和"Uuo"。这些符号虽然看起来很复杂，但它们只是拉丁数字113、115、117和118，用来为元素临时命名。早在1979年，这种方法便已被运用，是IUPAC为了不介入漫长的元素名称争议而采取的有效解决方式。

当化学元素命名的争斗在20世纪90年代末偃旗息鼓时，针对元素猎寻者们的严格规则也随之而来。那些认为自己发现了新元素的人，必须等到其他人成功地再现实验，且IUPAC批准了这一发现后，他们的发现才能得到官方认可。元素发现者会被邀请提议新元素的名字。该名字的提案会进入为期六个月的公开征询，任何人都能在六个月内提出意见。之后，若无重大的反对意见，IUPAC便会在名称下画上两道杠，表示正式采纳。

这一过程可能需要好些年，却有效减少了对元素周期表最后六种元素的激烈争论。这些元素都在21世纪的前十年里相继出现。在元素的命名上，国家和民族情感这两项是很难摆脱的。因此，可以理解发现了113号元素的日本人，他们当时仍未在元素周期表上拥有自己的元素。最终，该新元素被命名为"Nihonium"（铱），源于日语中"日本"的发音。2017年3月，日本皇太子出席了该元素的官方命名仪式。

俄罗斯人提议将114号元素命名为"Flerovium"（铁）。格奥尔基·弗廖罗夫（Georgy Flyorov）之于苏联人的杜布纳实验室，就像格伦·西博格之于伯克利实验室。116号元素Livermorium（铊），以美国劳伦斯利弗莫尔国家实验室（Lawrence Livermore National Laboratory）命名，是伯克利实验室的分支实验室。

现在只需补全缺少的三种元素，便能完成118种元素的周期系统。"Moscovium""Tenness"和"Oganesson"三个名称，直到2016年11月才与"Nihonium"同时获批。俄罗斯首都莫斯科（Moskva）和美国田纳西州（Tennessee）分别是"Moscovium"（镆）和"Tenness"（砎）的取名来源。而元素Oganesson（氥）的命名，则源于尤里·奥加涅相（Yuri Oganessian），这位亚美尼亚裔俄罗斯人参与了元素周期表最后五种元素的发现工作。直到2018年，奥加涅相还在世。据说他一直在自然界中努力寻找超重元素的踪迹。

不知道奥加涅相能否如愿。如果这些元素存在于自然界，那么发现它们无异于大海捞针。譬如到目前为止，科学家也只合成出了三个或四个Oganesson原子。当含有巨大能量的锎原子被钙原子轰击时，就会生成Oganesson。这里，人们只需将它们做加法，98号元素锎加上20号元素钙变为118号元素，但这并不能持续多久，称之为"瞬间"都是夸张的说法了。在几毫秒内，Oganesson原子会发射出一个 α 粒子并转化为116号元素。因此，目前将这些超重元素用于实际生活并非易事，因为在它们降序成拥有更低原子序数的原子前，要成功探究它们的化学性质是一件极难的事。

如何运用超重元素

有人可能会问，如果这些超重元素在我们呼吸之间或者利用它们做些什么之前就早已消失了，那么它们究竟有什么用处？我们应该如何对待它们？维持它们短暂"生命"的费用并不便宜。当然，化学家和物理学家对它们进行的实验并非是随机的。这项科学极限运动是检验原子核中的质子和中子如何连接，以及电子移动方式和速度假设的绝佳场所。

此外，如果有一件事是科学史教会人们的，那就是我们并无法预知下一个重大发现会是什么，但可以肯定的是，它必定会到来。

对于进行此类实验的先进实验室而言，揭示新元素或其特性会让它们久负盛名。但对于单个科学家来说，对元素探索的驱动力至少与永远存在的好奇心一样多。只要仍存在人们未知的事物，就会有认为值得尝试探索这些未知事物的后继者，无论这些未知是在太空或在海底，还是在最小的原子核深处。

这是人与自然之间永恒的拉锯战，是一种相互尊重的平衡，而不是相互威胁的破坏性竞争。大自然经过数十亿年的发展，形成了最巧妙的自然机制和联系。而人类，则渴望了解它们是如何运作的。

在超重元素的实验中，人们可以友好地稍稍调侃一下大自然，挑战它，测试它，甚至激怒它，让它显示出自己的一些秘密。通过登陆月球，人类也许很快就会登陆火星，人们可以了解更多从未了解的关于地球的知识。进入原子核的探索旅程，就像登月的返程，我们尚不清楚将会发生什么。

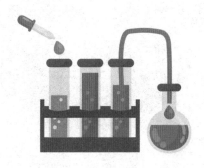

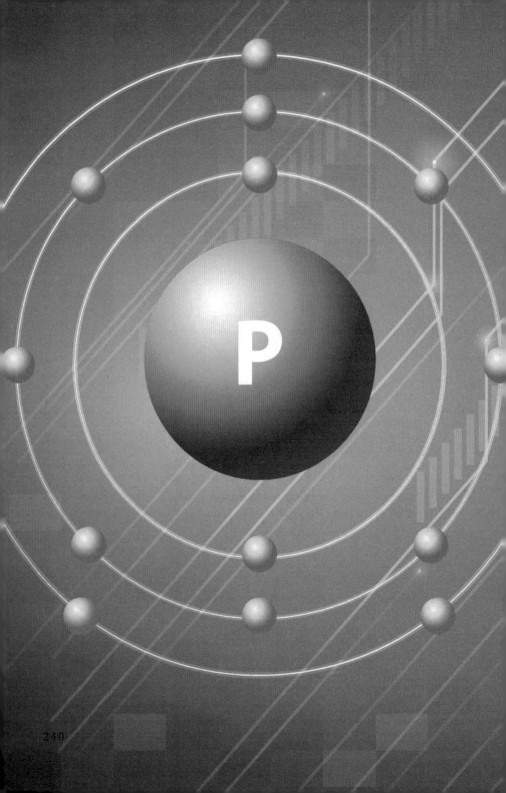

19

要安于现状了吗？

　　从1828年的洛沃亚岛和朗厄松峡湾，到将近二百年后的伯克利和旧金山，其间是漫长的道路——从猎鸭过程中漫不经心的低头一瞥，到有针对性地合成未知的化学元素。在旧金山这个大城市中，在世界的其他许多地方，回旋加速器在高速运转。问题是，还会不会出现118号元素之外的元素？既然Oganesson已完美地填补了元素周期表第七周期的最后一个位置，那我希望对新元素的探索到此为止。

　　但正如门捷列夫不得不接受其他人修正元素周期表一样，人们对一些新变化的出现也要有所准备。我们可以想象一种全新元素将出现在第八周期左下角（钫、镭的下面）。对一些人来说，这可能会令他们头疼，但它们终究会出现。120号元素，或者在IUPAC第一轮中被匿名称为"Unbinilium"的元素，很可能就是下一种新元素——因为制造原子核中质子数为偶数的元素相对容易一些。

实验已经进行了很长时间，但成果仍限于当今技术所能达到的极限。伯克利实验室已不再处于化学元素猎寻的最前沿。当然，新元素也可能在人们的不断尝试中自然而然地出现。有一天，新的技术将会诞生——属于我们这个时代的电解法、光谱仪或回旋加速器，从而创造出科学家刚刚才稍许熟悉的超重元素的稳定版本，或者产生一批新的未知元素。

元素周期表并不完美。有些人认为，可以以其他更好的方式来组织化学元素。新的设计或新的系统，将有可能呈现更多且更正确的元素之间的联系与相似之处。如今，那些圆形和螺旋形的元素基本布局结构，让人们想起了门捷列夫之前的时代。另外，也有人尝试在三个维度上建立元素系统，但都需要更多重设元素表的理由，更不用说替换如今的人们所熟知的元素周期系统了。

惰性气体最好放在元素周期表的最右边还是最左边？镧系元素和锕系元素的哪一端应该先位于钇的下面……这些小小的争议无可厚非。但是，那些想要完全改变元素周期表布局的人，不仅要说服化学和物理领域的专业人士，还需要说服像我们这样的门外汉。

元素周期表的所有权不只属于科学，更属于所有人类。也许元素周期表只是存在于初中教科书中的模糊记忆；也许它同时唤起了美好和痛苦的感觉；也许人们对门捷列夫唯一的印象是他每年只剪一次头发——正是这些记忆，才成就了元素周期表。那些对元素抱有足够热情的人会用元素周期表来装饰墙面，将其印在咖啡杯和T恤上。而最沉迷于此的一些人还会使用印着化学元素的浴帘、毛巾和床单。

"幻数"和稳定元素岛

如今，元素"魔法师"的伟大梦想是找到一些稳定元素岛[①]，在元素发现者眨眼之前，那里的原子并不会消失，而是拥有长达150万年的半衰期。没有人知道这样神秘的"岛屿"会出现在元素周期表的何处，是在120号元素、126号元素旁边，还是更远的地方？或许，出现在114号元素的周围也说不定。

在对这些稳定元素岛的猜测中，出现了所谓的"幻数"[②]——在核物理学看来，这是某种关于原子核中质子和中子数量的东西。下一个神奇的数字是126（Unbihexium）。

用"稳定元素岛"和"幻数"等表达方式，无异于将人们带回到多年前寻找"哲人石"。单凭几个稍许模糊的术语，当然不足以将今天的科学家等同于古代的哲学家和炼金术士，但它告诉

---

① 核子物理中的一个理论推测，核物理学家推测原子核的质子数和中子数为"幻数"的超重元素会特别稳定。

② 又称"魔数"，是指原子核中质子数和中子数的某个特定数值。当质子数或中子数为"幻数"，或者二者取值均为"幻数"时，原子核会显示出较高的稳定性。目前，已经确认的"幻数"有2、8、20、28、50、82、126（放射性超铀元素稳定岛）这七个。

了人们两者之间的共同性——他们都不满足于了解当下已知的事物，他们想知道得更多，并对未知做出假设。过去与现今最大的区别，在于他们挑战假设的意愿以及对假设进行严格测试的要求。

每一个实验、每一个发现和每一个结果，都会引发新的问题，且问题通常比答案更多。这既是科学的"诅咒"，也是它最大的力量。科研者对世界充满好奇，永恒的求知欲驱动他们不停地追寻答案。无论他们是被称为亚里士多德、帕拉塞尔苏斯、舍勒，还是拉瓦锡、居里、西博格，甚至是汉斯·莫顿·斯兰·艾斯马克，他们都从未到达终点。即使是在他们有所发现的那些令人陶醉的"尤里卡时刻"，他们也不曾完全停歇，而始终在瞻望远观，开始调查这一发现会带来怎样的新问题。

终炼成金

现在，他们终究跨越千年相遇了，元素周期表"圆满"了。它的美丽，与那些投机的哲学家或炼金术士所能想象的任何东西都不一样。那么，通过我们这个时代的元素发现者，向当初的先行者们发出一个问候来结束这一切，是十分恰当的。

1980年，格伦·西博格和一些同事进行了一项令贾比尔、帕拉塞尔苏斯、亨尼格·布兰德、波义耳和牛顿都激动不已的实验。他们激发铋原子，从其83个质子中释放出4个质子，制造出了数千个具有79个质子的元素原子，也就是金。那长期以来既是化学发展的动力又是其最大的阻力，且在化学成为一门正统科学时被嘲笑的事情——炼金，最后被证明是可能的。

　　这样生产黄金的做法当然是不可持续的。要获得具有特定价值的金块，需要远超几千个的金原子数量，而且回旋加速器的维护也不便宜。西博格说："用这个实验生产1盎司（约等于28.35克）的黄金将花费超过1千万亿美元。"要知道，在1980年，1盎司黄金的价格约为560美元。560美元减去1千万亿美元的差价，无论是以美元还是以克朗计算，都是一笔巨大的赤字。这样算起来，没有人会从利用回旋加速器制造黄金中致富。尽管如此，这可能是某些科研者或者江湖术士做过的最接近炼出黄金的事，而且从结果来看，至少比从50桶尿液中炼金要好。

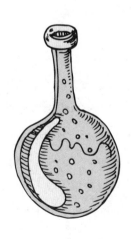

致　谢

　　我既不是化学家、物理学家，也不是地质学家，但幸运的是，有许多专业人士非常乐意分享他们的知识。非常感谢奥斯陆大学化学系的部门总工程师厄伊斯坦·佛斯（Øystein Foss）、埃纳·乌格鲁德（Einar Uggerud）教授，乔恩·皮特·奥姆维特（Jon Petter Omtvedt）教授和名誉教授比约恩·佩德森（Bjørn Pedersen）。感谢奥斯陆大学物理系的研究员安-塞西莉·拉尔森（Ann-Cecilie Larsen）和奥斯陆自然历史博物馆的副教授亨里克·弗里斯（Henrik Friis）。此外，我也不是哲学家，在这一点上，要感谢卑尔根大学的哈尔瓦德·福斯海姆（Hallvard Fossheim）教授。

　　感谢阿尔夫·奥拉夫·拉尔森（Alf Olav Larsen）在朗厄松峡湾之旅以及洛沃亚半岛之旅中的陪同。感谢斯德哥尔摩大学名誉教授斯文·霍夫默勒（Sven Hovmöller）带领的对伊特比化学保护区的参观。感谢肯·格雷戈里奇（Ken Gregorich）带领的对伯克利实验室回旋加速器的参观。感谢挪威唯一的元素发现者的女儿英格尔-丽丝·锡克兰（Inger-Lise Sikkeland）。感谢斯德哥尔摩药房历史博物馆的博·奥尔森（Bo Ohlson）以及矿物和元素收藏家琳达·塞西莉亚·马鲁姆-索罗斯特（Linda Cecilie Malum-

Soløst）。

感谢斯巴达克斯出版社的格尔德·约翰森（Gerd Johnsen）和娜娜·巴尔德斯海姆（Nanna Baldersheim）的帮助，以及他们从头到尾热情的投入。感谢奥斯蒙德·胡萨博·埃肯斯（Åsmund Husabø Eikenes）、伊达·科维廷根（Ida Kvittingen）、埃琳娜梅尔泰格（Elina Melteig）和安雅·罗内（Anja Røine）对未完成手稿的宝贵意见。感谢拉尔斯·尼加德（Lars Nygaard）和他出色的校对能力。感谢Forskning.no网站的所有现任和前任同事对我这个书呆子和怪人的接受、赞扬和培养，特别感谢帮助构思了本书并提供创意的赫格·布林·巴肯（Hege Breen Bakken）。

最重要的，我要感谢安德斯（Anders）、索尔维格（Solveig）和玛丽特（Marit），他们忍受了我的离题和关于科学史逸闻趣事的闲谈。我还要感谢我的父母，他们没有在我幼时强迫我学习自然科学，而是让我在成年后自己去发现它的魅力，这让一切变得有趣多了。